U0249975

阅读日本书系

图说
日本建筑史

A History of
JAPANESE ARCHITECTURE

藤井惠介 玉井哲雄 /著

蔡敦达 /译

南京大学出版社

阅读日本书系编辑委员会名单

阅读日本书系选书委员会名单

目　录

　　本书第二章"寝殿造的蜕变与庶民住宅"之前部分由藤井惠介负责编写,本书第二章"从画卷看镰仓武士的住宅"之后部分由玉井哲雄负责编写。

中文版序言

本书于 1993 年 3 月先以单行本出版，之后 2006 年 1 月改版为中公文库而刊行。

以单册形式撰写日本建筑史概说的书籍亦有不少，而具代表性的有如下几种：

关野贞『日本建築史講話』岩波書店，1937 年；

太田博太郎『日本建築史序説』彰国社，1947 年（现为增补第三版，2009 年）；

井上充夫『日本建築の空間』鹿島出版会，1969 年。

而本书是其后撰写的比较新的日本建筑史概说书。

令人高兴的是，近年在中国相继翻译出版了关野贞的『日本建築史講話』（汉译本《日本建筑史精要》，路秉杰译，同济大学出版社，2012 年 12 月）和太田博太郎的『日本建築史序説』（汉译本《日本建筑史序说》，路秉杰、包慕萍译，同济大学出版社，2016 年 10 月）。本书是为第三本日本建筑史的汉译本。

就这三种概说书的著述方法论而言，关野贞按建筑种类记述建筑形态的变迁，我们将之称为样式史，分别有寺院建筑、宫殿建筑、神社建筑、陵墓、住宅建筑、茶室建筑、城堡建筑、灵庙建筑、儒教建筑等。这种方法给与了中国和韩国的建筑史研究很大的影响，翻看两国建筑史概说书的目录，便可得知基本上都是出于同样的思维编排的。

太田博太郎的『日本建築史序説』和井上充夫的『日本建築の空間』撰写于第二次世界大战之后，因而深受西欧盛行的近代新建筑理论的影响。在样式史的基础上,太田以结构的发展史记述日本建筑史,尤其在住宅方面记述了建筑功能的变迁历史。井上则以空间的发展史记述了日本建筑史。这两种著作至今仍拥有众多的读者,并不断重版刊行。

而本书又是以何种方法论来记述的呢?在理解建筑方面,太田博太郎、井上充夫两先生在方法论上提出了非常重要的观点,建筑本身就具有形态而不能回避样式史的因素。本书在此基础上,更多地包含了社会学史方面的观点。特别是 20 世纪后半叶,在日本掀起了社会史学的热潮,建筑史学界亦然,大家都努力地在阐述建筑与社会的关系。

承蒙中国读者阅读本书,并思考与自己国家建筑的异质性,这将是笔者的望外之喜。有心者更可以对照阅读其他两书,这样您就能够俯瞰整个世纪的日本建筑史的概观。

东京大学教授藤井惠介
2016 年 12 月吉日

序　言

1989 年至 1993 年间出版有石森章太郎著《漫画日本的历史》，而本书原为刊登在第一卷至第四十八卷卷尾的"建筑的历史"解说词，现编辑成书。

当时的情景现在还历历在目，在我们被邀请参加《漫画日本的历史》策划时，还稍稍有些担心：我们能够在多大程度上复原过去建筑和都市的面貌，给读者一个完整的视觉形象。

就时代考证的立场而言，当然要尽可能正确地描述过去建筑的面貌，但这并非意味着我们完全了解建筑及其相关的都市和环境的全部，不懂的部分只能依赖推定来进行。大概的推定能够做到，但若要用绘画来表现，只能从各种可能性中选择一种答案。而且，书籍出版并待读者阅读后，它就作为一种决定性的形象印刻在人们的脑海里。

在担心的同时，我们还抱有如下的期待：自己将想象（或创造?）以往被置之不理、谁都未曾描述过的建筑形象。于是，我们开始了数年不平凡的编辑工作。

除接受时代考证的工作以外，我们还承担编写作为时代背景解说词"建筑的历史"的工作。优秀的日本建筑通史和详尽细致的论文与解说文章倒也不少，但要做到解说词与各卷内容的互动，就需要有不同的视点。即便有定说的理论，也并非能够以此为前提复原所有的既往形象。因此，在解说词中，既有现阶段已有定论的说明，也有尚未解决的推测，还有今后的展望等，应有尽有。

基于以上的理由，各章各节相对独立，不少小标题跟现在所用的相同。但在这次编辑成册时,为了帮助大家从整体上了解日本的建筑,作了不少的增删和修正。另外,需进一步了解建筑和都市的读者,可根据卷尾的参考文献,前往远古的世界做一次古建筑之旅。

藤井惠介

第一章　原始暨古代

认知过去建筑的方法

渐行渐远的记忆

从古到今,我们的祖先在什么地方营造过怎样的建筑物,又是如何生活的? 这是我们建筑史研究者的课题,即复原当时的场景,给读者朋友以具体的视觉形象。然而,要描述早已逝去的远古形象,宛如昨日发生似的,其难度可想而知。

我们的生活每天都产生着各种新的形状。读者朋友中,还有几人记得十年前问世的最新式汽车的当时形状? 即便这辆车出现在你的面前,除非是重度的汽车迷,否则没有人能说得出其年代款式。每当生产出一种新款式,老式样就被其所取代,并从人们的记忆中被抹去。

建筑亦然。我们居住的住宅经过不断翻造,会在我们的记忆中留下模糊的印象,比如自己所习惯的柱子和墙壁、所喜欢的走廊角落的灰暗等,但即便如此,若要你将这些画成具体的图纸,恐怕谁都难以做到。况且要从我们的记忆中追溯先祖曾居住过或使用过的各种建筑,这几乎是不可能的。

那我们又将如何来复原这些早已消失的建筑呢? 让我们来思考如下几种方法。

活用现存的建筑

在日本各地存在着许多古代以降的寺院和神社,其中既有非常古老的建筑,也有近来新造的建筑,形式多种多样。还有农家和都市商家的古民居,这些在日本全国也有相当数量的存在,而且还能实际看到。但不能因此简单地认为这些建筑就是各自时代的建筑。

日本建筑物几乎都是木结构。因此,在长期使用的过程中需要不断地修理。修理时,使用当时最新技术也是理所当然。古建筑经过多次修理,自然会与最初建造时的建筑有很大不同。各时代的不断修理,证明了其建筑物的经久耐用。但要了解当初的原貌时,就必须认真调查其后修理时的增补状况,慎重地进行复原。近年来,在修理古寺院和神社建筑时,大多复原到了当初建造时的

复原后的法隆寺纲封藏

状态。我们所看到的被指定为国宝和重要文化遗产的古建筑,在其修理完成后,基本上都是当初的原貌。但是,对那些如今还实际使用着的住宅(比如农家和都市商家的住宅)就做不到。因为人们的生活习惯发生了很大变化,按老式旧样使用江户时代营造的建筑,住家就会深感不便。因此,近年有不少经修理过的建筑,表面

修理中的桂离宫松琴亭

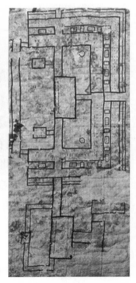

东大寺讲堂僧房图
画在麻布上的平面图。
(引自《正仓院展的历史》图录)

图说日本建筑史

上看上去像是当初创建时的形态,但实际上有相当部分仍因袭了改建后的状态。

从绘画和图纸着手调查

前面述说了从实际保存的建筑去了解古时建筑的形态,但遗憾的是依靠这种方法仅仅只能弄清一部分建筑的究竟。日本的木结构建筑,遭遇火灾会被烧毁,也会因为暴风或地震而倒塌。因此,实际留存下来的建筑少而又少,实属偶然。尤其是建在都市中的建筑更是如此。当一处发生火灾就会殃及其他,也有因为战乱而遭受破坏的。在京都,镰仓时代以前的建筑屈指可数就是因为这个道理。

为了复原这些早已从地面上消失的建筑,画卷等各种绘画和表现建筑的古图纸(通常称指图)以及其他历史资料为我们提供了重要的线索。例如,想要了解平安时代贵族住宅寝殿造的当时样子,就必须依靠《源氏物语绘卷》《年中行事绘卷》等绘画和贵族详尽记载的日记。

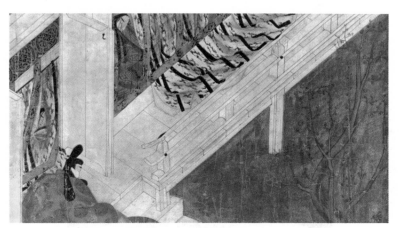

寝殿造
绘卷是重要的考证线索。[引自德川美术馆藏《源氏物语绘卷　竹河(一)》]

通过遗址发掘来调查

有不少建筑,即便根据实际留存的建筑以及绘画、文献等资料,还是不明白其实际状况。绳纹时代、弥生时代的住宅该如何复原?遗址发掘为我们提供了重要的资料。静冈县登吕遗址为弥生时代大规模遗址,它的发掘复原了竖穴式住居和干栏式仓库。发掘调查在弄清稻作水田大致情况的同时,还发现了建筑的遗迹。不过,根据遗址的复原存在若干困难。因为仅发现遗留在地面上的立柱洞穴,至于盖在上面的建筑很大程度上只能凭借推测。发掘时偶尔会出土部分木质部件,这对复原帮助很大,但也有局限,因为不会出土全部的部件。不过,近些年发掘调查的规模空前,随着这方面知识的不断积累,就会有更多的课题迎刃而解。而且,作为发掘调查对象的遗址也不仅仅局限于史前遗址,还扩展到有史以来的遗址,如藤原京、平城京、平安京直至中世、近世遗址。较以往而言,有助于从更为宏观的视角弄清种种建筑的原来形态,我们期待着今后取得更大的成果。

山田寺金堂遗址
奈良国立文化财研究所负责进行了发掘调查。(引自《山田寺展》图录)

金堂复原模型
十分之一比例模型,采用与实际建筑同样的手法进行了复原。(引自同前图录)

从样式、技术等方面推测

前面对基础资料的运用进行了说明，当然单凭这些不足以弄清所有建筑的原貌，还需要运用这些资料从理论上思考建筑在历史上曾经历过怎样的变迁即其过程，从而推定该建筑的实际状况。例如，通过调查建筑技术的发展和普及的状况，在某种程度上可以推定出日本曾有过怎样的建筑、其普及程度怎样，等等。为此，有必要十分地注意朝鲜半岛、中国大陆与日本之间的文化交流。还有建筑又是如何被使用的，思考其实际使用状态也是个重要的课题。寺院和住宅的功能不一样，因而即便在同样时代使用同样技术，也会产生形状迥然不同的建筑。而且，新方法需要新形式和新技术；反之，新技术又会产生新形式，引导新方法，这也是极其自然的。

通过认真地解析建筑及相关的各种现象，就能弄清我们的祖先在日本这块土地上营造建筑并以此为生存舞台的真相。

史前建筑的营造

立柱

从弥生时代的遗址中所发现的具有代表性的建筑遗址有两种：一是纵向往下挖坑，在上面立四根柱子；二是在平地上立四根到六根柱子，组成长方形的平面。前者为竖穴式住居遗址；后者为干栏式建筑，可能是仓库或特殊住宅，即一种不铺地板或在地面立低柱铺板的挖坑立柱式建筑遗址。在此，让我们来思考一下实际营造时的技术规则。

建造木结构建筑时，最为原始的方法就是立柱式。准备好柱子后，在地面挖坑将柱子竖在里面，埋上土即成。挖坑立柱式的最大优点是，柱子在竖立后不会倒下。因此，在柱子竖好后盖顶铺地板时，不用其他支承也可以安心地作业。缺点是因为柱子是埋在地下的，容易腐烂；柱子承重不够的话，容易下沉。但是，就那个时代的建筑而言，这些缺点不是太大的问题。这是因为人们并不要求竖穴式住居和干栏式建筑能有数百年的寿命，实际上只要用上数十年就足够了。又因为屋顶也是用草和树皮、木板铺盖的，载重不会使柱子发生严重的下沉。仓库也一样,在柱子底下铺板或柱子周围填些零碎木片就行,不会有大的问题。

日本国内使用基石时代很晚,是六世纪后半期佛教建筑自朝鲜半岛传来之后的事。佛教建筑的屋顶铺瓦,柱子需要承受大的负荷。因此,需要布置基石来承受其负荷。可以说,使用基石的建筑不同于史前的建筑,是作为全新的体系传入日本的。

在日本,挖坑立柱式技法是一种使用极其广泛的方法。它在绳纹、弥生时代的代表性建筑竖穴住宅、干栏式建筑中的使用自不待言,即便在柱子下铺基石这种新方法传入日本后,这种方法的使用也十分普遍,奈良时代的住居、官署建筑以及后来的庶民住居等大多采用这种方法。

柱子上架横梁

众所周知,竖立好柱子后,接着需要连接横木;只有当横木的连接完成后,房子才算盖好。以最简单的竖穴式住居为例,首先在正方形的平面四隅挖坑立柱,柱子的高度大致相同,上面架设横木(承受屋顶负荷的材料,称"梁")。虽说是架设,由于当时的工具不太锋利,在此设定是使用简朴的施工法进行作业。按照通常的复原图,柱子的顶部分叉成二股,上面架设横木。但是,恰到好处地分叉成二股的材料并不好找,于是,工匠或将柱子顶部刳成槽状,将横木镶嵌进去;或者将柱子顶部削成尖状,在横木底部开孔,横木

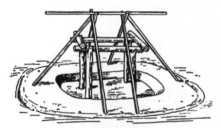

竖穴式住居的柱子结构
登吕遗址的复原房屋。(引自太田博太郎《图说日本住宅史》)

竖穴式住居复原图
吉野里遗址事例。(宫本长二郎绘图,引自《吉野里遗址展》图录)

落下后尖状部分正好跟开孔
部分相吻合。

铺板

竖穴住宅,其地面就是生
活场所,不需要铺板。而干栏
建筑需在离地面相当高的地
方铺板。为了铺板,就需要在
立柱之间架设横向的构件,在
上面铺板。远古时代,人们可
能是在柱子和横木上印刻某
种记号,再用绳子将它们绑在
一起。从登吕遗址和山木遗
址(静冈县)出土的建筑构件

干栏式建筑复原图
吉野里遗址干栏式建筑事例。(引自同
前图录)

来看,高出地板的柱子上部被削去了些许,开了孔的横木正好落在
上面,十分稳定。根据宫本长三郎氏近来的报告,在纳所遗址(三
重县)和小纹遗址(岛根县)也都出土了开了孔的柱子,用来横穿横
木(贯,相当于穿枋)。即在柱子中央开孔,将横木横穿过去,再在
上面放上地板,这样,就不用担心因为地板的负荷导致柱子的下沉。

古代住居的复原作业
爱媛县八堂山遗址的复原作业。(引自《弥生文化的研究》7"弥生聚落")

可以说是一种最为稳定的技术。按照以往的定论,穿枋的技法是镰仓时代初期从中国传来的,以前日本没有。近年考古发掘中引人瞩目的有吉野里遗址,宫本氏运用这一技法提出了建筑的复原方案(参阅《吉野里遗址展》图录)。只是这种穿枋构件是否存在过,在学界尚有不同观点。

盖顶

将横木架设在柱子上后,接着就是盖屋顶。日本气候的特点是多雨,因此平顶不行。平顶的话,雨水会积在上面,成为漏雨的原因(即便是现代的钢筋混凝土结构的建筑,平顶常常是积水的原因。防水措施稍有不慎,就会导致漏水)。为此,建造三角形屋顶,倾斜形状是最佳的解决方法。要盖三角屋顶,就必须在其顶端架设横木(脊檩)。为了从下面支承脊檩,就需要采用新技术。

远古时代,做不到在梁上面组合构件架设脊檩,只得在建筑主体以外另外竖立两根立柱,在上面架设脊檩,这种立柱称为脊柱。运用这种立柱的干栏式建筑于公元一世纪后半期始见营造,传江户时代香川县出土的铜铎中就有描绘,而实际保存这种古老形式的建筑有伊势神宫正殿。众所周知,伊势神宫的各种建筑每隔二十年重建一次,即所谓的式年迁宫。因此,现在的本殿为平成五年(1993)的建筑,但自古至今,重建都遵守着古代的建筑样式。当然,经过六十次以上的重建,不同于当初形状的部分也有不少。但使用立柱支承脊檩这种最为原始的架构方法一直流传至今。

另外,竖穴住居通常还使用如下方法:自地面朝四根立柱顶上置放长长的椽,并在数根椽的顶端架设脊檩。

经过使用立柱支承脊檩的时代,技术的进步提高了施工的精确度,在梁等上面组合屋顶结构成为可能,使得脊檩更为稳定。为了将脊檩架设在柱子上方,就必须自梁等的下部横木支承某种构件。这种方法有两种做法,即叉手和短柱(束)。叉手就是将两根构件组合呈人字形,与下面的横木组成三角形,在其顶部架设脊檩。用这种方法组成的结构十分稳定,直至不久前还有农家在使用。所谓束，即短纵向构件的名称，直立在梁上，上面再架设脊檩。只不过束单靠自身不能自立，需要添加叉手或使用橡从两侧来固定它。毫无疑问，这种脊檩支承方法发展的前提是技术的创新。

茸顶

上脊檩后接下就能茸顶。首先在脊檩和下面的横木（桁或檩）上放置橡，接着将更细的材料与橡缠在一起，最后在上面铺茸顶材料。橡在屋顶结构不太坚固的时代还兼作结构用材，随后就单纯作为茸顶材料之一使用。

茸顶材料最早使用茅草等材料，将细草从下方往上重复茸上几层。样子较现今留存的农家屋顶，好像只是稍稍薄了点而已。另据近年的调查报告称，从竖穴住居烧毁后的遗存中发现有不少盖在屋顶的烧土，好像在薄薄的茸草上盖土的手法也已得到普及。此外，还有使用柏树皮茸顶和使用杉树皮茸顶的方法。在屋顶材料的精确度提高后，用板茸顶也成了可能。

使用瓦盖屋顶是六世纪后半期佛教建筑技术传来日本之后的事，在日本国内很长一段时间都使用木质的材料。即便是寺院建筑，选址在山岳地区的一般仍使用柏树皮茸屋顶或薄板茸顶的方法。用木质材料茸顶是自古以来的传统。

从埴轮考察建筑

从房屋埴轮考察

进入古坟时代后，各地都营造了大规模的古坟。较弥生时代，各地方首长掌控的权力非常之强大，能动员成千上万的民众大兴土木。土木技术的长足发展自不待言，建筑技术也取得了很大的进步。在一般民众聚落的不远处，首长们营造了大规模的宅邸。近年来，各地的发掘调查探明不少古坟时代的住宅状况，取得了飞跃性的成果。

古坟时代建筑的形态可以从各地古坟的埴轮来推测，埴轮中发现有不少模仿房屋的房屋埴轮。通过所发掘建筑遗址复原是种间接手段,相比之下,埴轮告诉我们的则是更为具象的建筑形态。

其中最具代表性之一的是,在群马县佐波郡赤堀村茶臼山古坟发现的房屋埴轮群。这是座前方后圆坟,建造于四世纪前半期,昭和四年(1929)进行了发掘调查。从古坟顶部出土了房屋埴轮群和高脚盘、椅子等形象埴轮。房屋埴轮全部有八栋,有双坡顶房屋三栋、同样的双坡顶干栏式仓库三栋以及歇山顶干栏式仓库一栋、小规模储藏室一栋。

可以推测,这一建筑群所体现的是古坟主人生前的豪族宅邸建筑,具体布局如图所示:前方是三栋双坡顶的建筑,组成一进中庭,其背后有储藏室,周边围绕三栋双坡顶的仓库,再后面坐落着歇山顶仓库。

豪族的宅邸
根据(群马县茶臼山古坟出土)的埴轮复原。

主屋
双坡顶上架鱼状压脊木。
（东京国立博物馆藏，以下同）

集会所
布局在主屋两侧的双坡顶建筑。

仓库
保管的可能是共同体财产。

储藏室
存放的可能是豪族的生活用品。

歇山顶仓库
可能是豪族的私人仓库。

立柱式建筑的普及

主屋地处中央，是体量最大的埴轮，而且双坡顶上还架着鱼状压脊木。鱼状压脊木，现在我们也能够从神社的屋顶脊檩上看到。鱼状压脊木原为镇压葺顶材料的一种构件，而往古时却是一种权力的象征，因而外观上非常漂亮。《古事记》中有如下记载：雄略天皇看到河内大县主房屋的脊檩上架有鱼状压脊木，认为这与天皇宫殿的构造相似，十分不高兴，一把火将它给烧了。由此可知，茶臼山古坟三栋双坡顶的埴轮中，架有鱼状压脊木的房屋是豪族宅邸的中心建筑，是夸示强大权力的象征。

这些中心建筑和布局在两侧的双坡顶建筑，是人们至今尚不熟悉的建筑。弥生时代的主要建筑就是竖穴住宅和干栏式建筑（仓库和统治阶层住宅），这在同时也诞生了下一个时代普及的新建筑样式，即挖坑立柱建筑。之前的建筑也使用过立柱式，在名称上容易混淆。但主要指的是用作住宅的建筑，或干栏式仓库的地板下降到地面，或竖穴住宅发展有了墙壁。就整体形势而言，与现在的建筑相通，成了弥生以降建筑形式的主流。当然，并非全部住宅都被这种形式所取代，庶民住宅的大部分依然是竖穴住宅，新形式只是极少一小撮统治阶层住宅在使用。

住宅的建筑布局

让我们再回到茶臼山古坟的房屋埴轮群这个问题上来，看看这次复原的埴轮布局。在整体上为什么能够进行这样布局的复原？当我们拿到这八栋分散的埴轮时，根据何种原则进行重新布局才是合适的？有这么多栋建筑，就有种种不同布局的可能性，为什么选择了呈现在这里的复原方案？

首先是整体呈左右对称的布局，即有中轴线、左右对称布局建筑。这种左右对称的思想似乎是东洋尤其是中国的传统布局法。中国在规划都市或宫殿时，自古以来以左右对称作为一种理念。中国文化间接或断续地传入日本，在建筑方面当然也有影响。日本在七、八世纪宫殿的布局原则上都是左右对称，全国的地方官署建筑也是一样。平安时代天皇的住宅内里、贵族住宅寝殿造等各种各类建筑原则上也都是左右对称布局。

第二是分中心建筑和附属建筑。毫无疑问,架有鱼状压脊木的双坡顶房屋是中心建筑,那非中心建筑的两栋双坡顶建筑又如何解释呢?虽地位上不如最初的建筑,但属住宅或类似住宅的建筑,这也没问题。那又该如何看待除此之外的建筑呢?除小型的储藏室外,都是干栏式建筑,而且地板下部开有圆孔,没有被使用过,可以认为这是座仅仅使用地板上部的仓库。因此,最初的三栋双坡顶建筑与后面的五栋建筑是不同类别的建筑。

第三是中心建筑围绕有前庭。如前所述,根据中国建筑的古老传统,其原则是以中轴线为主左右对称。基本的建筑布局是,正面有一栋中心建筑(正殿),其前面有前庭,周边围绕其他建筑。这样形式在日本也一样,宫殿、官署建筑、内里、寝殿造等如出一辙,假若能够上溯的话,就如照片图版所示的布局。

布局所具有的意义

下面再来看看复原后的建筑结构具有何种意义?

假若围绕前庭而建的三栋双坡顶建筑中,中央的建筑是豪族住居的话,那两侧的建筑又是什么呢?从宫殿的建筑群来看,可能是具某种政治功能的设施。通俗地说就是集会所之类的建筑,可能是豪族和聚落首领议事或举行宴会的会场。而前庭则是庶民集合、举行各种大型节庆的地方,比如每年的新年庆祝会、秋天时的收获节(就天皇而言,就是尝新节)等等。

那后面的五栋建筑又是派什么用场的呢?小的储藏室样子的建筑因为其功能的关系,被布局在豪族住宅的后面。宅邸有中心建筑,但不能仅靠它来组织日常生活,还必须要有为豪族服务的人的住居,他们或保管生活用品或做饭烧菜。这样的小建筑在现实生活中十分需要。

最后是四栋仓库。顾名思义,仓库的功能就是保管物品。一般而言,为的是或保管一年特定时期收获的稻谷等作为口粮,或保管开年播种用的稻种。而保管稻谷(主要是稻米)的仓库在早期就成了象征财富的建筑。在管理地方的豪族宅邸中,应该存在多栋存放从农民那里收缴来的粮食的仓库。因此,建有三栋同样形式的仓库极其自然。这三栋仓库是否就是豪族的私人仓库呢？恐怕不是，而是豪族具有管理的权利和责任：就大而言，应该是共同体的共有财产。那豪族的私人财产保管在哪里？值得注意的是除相同的三栋仓库以外，还有一栋为歇山顶形式的仓库。发挥想象力的话，这可能就是豪族的私人仓库。

上面花费很长篇幅对茶臼山古坟出土的房屋埴轮群进行了说明。如前所述，对于埴轮群的布局，我们是从各种各样的可能性中过滤了多个选择后得出的，当然也不能保证这就是唯一的定论，完全有可能存在其他的布局。但是，考虑到日本古代建筑群的布局传统以及与中国的关系，还有从中所能想象的古坟时代建筑的使用意义，每当我们思考这些时，就会感到魅力无穷，并认为具有高度的可能性。

寺院建筑的诞生

佛教的传来与飞鸟寺的创建

日本古代建筑史上最大的冲击是六世纪中期至七世纪初佛教的传入以及紧接着的寺院的创建。在此之前，从绳纹时代、弥生时代到古坟时代，断断续续也有不少人从中国大陆和朝鲜半岛渡海

飞鸟寺中门遗址
(引自《飞鸟寺》图录)

而来,为日本列岛带来了各种文化和技术。但在这短时期里造成如此之大的冲击,前所未有。

新建筑的技术较以往日本国内所知的技术远为先进,夯实地面,垒石作基坛,基石上立柱;柱顶置斗拱支承深深的屋檐,屋顶葺瓦;中心建筑双重屋顶,塔三重或五重,屋檐重叠;多数构件施以丹青彩绘。如此壮观的寺院建筑给当时的为政者以巨大的冲击。将象征权力的纪念碑建筑物,即死后作为陵墓的巨大古坟变为佛教寺院,在形象上来了个 180 度的大转换。

佛教何时传来日本,确切的时间无法得知。佛教从中国传入朝鲜半岛是在四世纪末,这以后从朝鲜半岛渡来日本列岛的人数相当之多,佛教也应该是这些人带来的。日本佛教史的开端即所谓的佛教公传,百济的圣明王给钦明天皇送来了释迦佛铜鎏金像、幡盖以及经论若干卷。公传的年代究竟何时? 存在有各种争论,现在通常认为是 538 年(钦明天皇七年)。虽说佛教传入了日本,但围绕是否应该礼拜或排除佛像,发生了大的争论,进而发展到苏我氏与物部氏之间的对抗,其结果 587 年(用明二年)苏我氏灭亡了物部氏,佛教开始作为国家的主要宗教为人们

瓦①
飞鸟寺檐口筒瓦。
(引自同前书)

瓦②
飞鸟寺椽前瓦。
(引自同前书)

瓦③
百济四天王寺檐口筒瓦。
(引自同前书)

所信仰。

苏我马子在灭亡物部守屋后,旋即许愿建造了日本最初的寺院飞鸟寺。这之前,苏我马子曾在石川宅设佛殿、在大野丘建佛塔,已在日本营造了多座佛教建筑。而作为正式寺院,飞鸟寺属最早的一座。

翌年(崇峻元年),百济献来佛舍利,又派来僧侣、寺工、露盘博士、瓦博士、画工。寺工是负责寺院整体木工施工的技师;所谓露盘是塔相轮下部的名称,这里指整个相轮,露盘博士意思是金属(特指铜)铸造技师;画工即绘画的工匠。换言之,在创建飞鸟寺时,以僧侣为首,从百济带来了营造寺院建筑所需的所有技术人员。这表明当时日本并没有建造正宗寺院的技术,同时新文化传入的形式也十分有趣,它是从朝鲜以组合打包的形式传来的。

源自许愿而建造的飞鸟寺,历经三十年才大功告成。这在《日本书纪》《元兴寺缘起》等都有记载,现简要介绍如下:590 年(崇峻三年),进山寻找木材;593 年,在塔刹柱的中心柱基石内纳入佛舍利,立刹柱;596 年,塔竣工;605 年,许愿制作铜铸和刺绣的丈六佛像[1]各一尊,任命鞍作止利为造佛工匠;609 年,本尊丈六铜像供奉在金堂,回廊内的建筑伽蓝竣工。

飞鸟寺等的发掘

通过昭和三十一年(1956)至翌年的发掘、调查,完全弄清了飞鸟寺的建造过程以及所使用的建筑技术。在这之前,古代的寺院建筑究竟是怎样的? 人们知之甚少。关于寺院整体的伽蓝布局,仅知道保持创建时伽蓝布局重建的四天王寺、法隆寺、药师寺等现存的数座寺院,伽蓝布局在古代的发展轨迹相当单一。还有建筑技术,弄清的也仅仅是法隆寺西园伽蓝(金堂、五重塔、中门、回廊)、药师寺东塔等数座建筑而已。

颠覆以往常识的契机是在昭和三十年代(1955—1964)进行的飞鸟寺等的发掘调查,在以后实施的对川原寺、四天王寺的发掘也

---

① 佛像像高标准,一丈六尺之略,一丈合十尺约 3 米。丈六像为一丈六尺约 480 厘米,丈六坐像为八尺;半丈六像立像为八尺,坐像为四尺——译者注。

取得了重大成果。

　　原推定飞鸟寺为已知的四天王寺式伽蓝布局（塔、金堂呈直线排列，周围环以回廊），但实际建筑是以塔为中心，三座金堂、即中金堂、东金堂、西金堂围绕塔而建，属所谓一塔三金堂形式。而且，东西两座金堂分别有双重的基坛，下面的基坛还有基石。塔中心柱的基石深埋地下三米，其内部置放佛舍利以及玉、铃、金环、挂甲等。

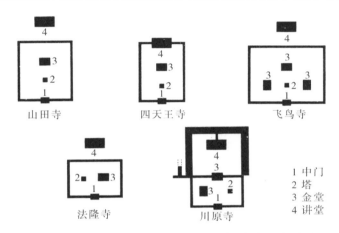

　　一塔三金堂形式伽蓝的类似形式是朝鲜半岛北部高句丽的清岩里废寺，瓦也与朝鲜半岛南部百济出土的瓦十分相似，可以说都深受来自朝鲜半岛的影响。这些都证实了《日本书纪》的记载。

　　双重基坛也见于法隆寺金堂等，是种古老的做法，但基坛的下面还有基石是初次出现，因此，建筑的形式存在外檐或是至今未被发现的特殊结构，难以判断，但引发出人们的遐想。塔中所奉纳的除佛舍利以外，还有玉、铃等，而这些常见于古坟石棺中的随葬品，是当时古坟文化的残存，它不自觉地渗透到了新佛教文化之中。

　　在川原寺的发掘中，发现了塔和两座金堂，被确认为是种新的伽蓝形式，还弄清了讲堂（兼作食堂）和围绕其周围的僧房的形态。而在四天王寺的发掘中，探明了椽的断面是圆形的，呈扇形被用于建筑的四隅。这是在中国和朝鲜半岛常用的形式，但在法隆寺金堂使用的是方形椽和平行椽。还有在近年山田寺的发掘调查中，发现金堂的平面形式也是以前所未知的，回廊是呈倒塌时状态出土的，从而增加了许多十分贵重的信息。

通过这些事例，为我们具体弄清六世纪末至七世纪作为新文化的寺院建筑的真相提供了贵重的知识依据。

寺院与住宅设计

据此，可以推测自六世纪起，接连不断地营造了许多寺院建筑，到七世纪末已超过百座。那么，新型寺院建筑对其他建筑产生了什么影响呢？

在飞鸟境内的飞鸟寺周边建有许多天皇的宫殿，且每一代天皇即位时都大兴土木，建造皇宫。

但这些建筑形式都不像飞鸟寺那样具有强烈大陆色彩的建筑样式，而是保持着以前传统的设计风格。比如屋顶，齐明天皇想在自己的宫殿顶上葺瓦，但没能如愿。还有645年作为大化改新舞台的飞鸟板盖宫，顶上铺的是木板，故有其名；换言之，板葺宫顶上铺板是反其道而行之。这也说明当时宫殿使用的或是传统的稻草葺顶，或是柏树皮等树皮葺顶。还有柱子，据发掘调查表明，使用的不是基石，仍是挖坑立柱的形式。宫殿中最早出现大陆风格的建筑是七世纪末建成的藤原宫，它以中国的都城制为范本。大化改新后不久竣工的前期难波宫，其境内也有大规模的朝堂院，但建筑使用的也都是挖坑立柱的形式。挖坑立柱则意味着屋顶的材料是木质之类的材料，或是稻草或是树皮。既然宫殿采用的是如此保守的设计，那不难想象贵族们的住宅建筑与此类似。而普通庶民的住宅依旧是挖坑立柱的住宅或竖穴式住宅。

通过这些事实可以看出，我们的祖先根据建筑的种类，十分有意识地采用了不同的设计。当时的人们是怎样看待寺院和宫殿如此反差的形式，我们虽然不能一一解析清楚，但有必要在记忆中留住古人曾有过的这种强烈的嗜好性。

法隆寺建筑

法隆寺建筑的形式

前面，我们以建筑遗址和埴轮为素材探讨了日本远古时代的

法隆寺金堂（左）和五重塔（右）

金堂上层
建筑细部特点为云状拱、斗、卍字变形栏杆、一重方形椽等。

五重塔
建筑细部

建筑形态。一般而言。通过遗址只能了解建筑的平面,偶尔出土的建筑构件为我们提供了贵重的新知识。通过房屋埴轮进而能够推测建筑的整体形状、细部的装饰意匠、建筑群的构成原理等等。但在思考实际的整体建筑时,这些零星的信息都存在局限性,而更多的则有赖于推定。

建筑体量大且有相当的重量。制作埴轮或模型的话,其形态可以千变万化。但实际的建筑具有某种合理的结构,若不坚固的话,构架的自重就会扭曲或压垮建筑。因此,为了解古建筑的实情,就需要现存的建筑。

那现存最早的木结构建筑在哪里呢? 这许多读者都知道,正确答案是"法隆寺"。法隆寺建筑,尤其是由金堂、五重塔、中门、回廊组成的西院伽蓝,还有法隆寺附近的法起寺三重塔、法轮寺三重塔(1944 年烧毁、1975 年重建),这些在为数不少的古寺院建筑中属最早且具特殊形式的建筑。下面列举其若干个特点:

第一,所使用的构件相当粗大。尤其是立柱上下收紧、中间高高隆起,这是奈良时代以前建筑的常用手法,包括建于奈良时代后期的唐招提寺等在内都使用这种构件,而法隆寺更为显著。

第二,斗拱使用云状的构件。在重要的佛堂和塔中,为增加屋檐的深度使用斗拱,并在其顶端架挑檐桁支承椽。斗拱在以后的建筑中分为拱和斗的组合,但在法隆寺的建筑上它是个整体,并被制作成云状,尤其是建筑四隅的云状拱仅四十五度向外出挑,极其

若草伽蓝的中心柱基石

梦殿

洒脱;而之后的建筑通常朝三个方向出挑,屋檐下甚至有些繁杂。不过由于构造上略显单薄,在以后的年代自下增补了支承屋檐的支柱(金堂上层、五重塔五层)。

　　第三,不使用梁的特殊结构。药师寺东塔以后的奈良时代建筑于进深方向架梁,再在上面架盖屋顶;而法隆寺是在平衡屋檐负荷的基础上,于前述的云状斗拱上架盖屋顶。

　　第四,细部装饰。各建筑的栏杆装饰有卍字变形栈条,而且使用人字形短柱。卍字变形栏杆在之后的建筑中偶尔也有使用,比如东大寺法华堂佛坛等,不过,人字形短柱除法隆寺系列建筑以外没有使用的例子。

　　上面列举的特点因袭了中国六朝时期的建筑技术,而在中国追溯到唐代的遗构也很少,除法隆寺系列建筑以外未曾见闻,因此,这些特点极其重要。

法隆寺建筑的年代

　　那这座拥有特殊样式的建筑究竟建于何时? 关于其年代诸说纷纭,争论不休。围绕法隆寺西院伽蓝建造年代的争论起因于《日本书纪》天智九年(670)四月三十日的记载:"这天拂晓,法隆寺遭受火灾,房屋被烧得不剩一间。"换言之,法隆寺在七世纪初圣德太子创建约半世纪后全部烧毁。因此,现存的法隆寺建筑是在这之后重建的。但是,建筑史家和一部分美术史家认为法隆寺建筑和美术属古来的样式,而怀疑这一纪录的真实性。

争论始于1905年。这年,关野贞、平子铎岭发表论文称,法隆寺非天智九年烧毁后的重建,而是推古天皇(592—628年在位)时代的建筑。关野着眼于实际营造建筑时的标准即尺寸,据其论文称,作为标准尺寸,药师寺东塔等奈良时代的建筑约为0.98尺,而法隆寺系列建筑约为1.176尺(1尺约合30.3厘米)。前者称唐尺、奈良尺,后者称高丽尺、飞鸟尺等;后者是前者的1.2倍。关野从政治上的重大事件——大化改新(645年)寻求高丽尺向唐尺转换的时间节点,事实上是无视了《日本书纪》的火灾记录。而另一位平子铎岭的结论是,《日本书纪》天智九年的记事原本是六十年以前的事,即在《日本书纪》编纂过程中将推古十八年(610)的事件记录弄错插入到了六十年后的位置。

针对两人的法隆寺非重建论,进行猛烈反击的是喜田贞吉。作为历史学家,喜田强调古代史基础史料——《日本书纪》不容随意地被否认或无视。喜田的重建论以《日本书纪》准确无误为前提,对关野、平子的方法论予以了激烈的批判;同时认为法起寺、法轮寺三重塔以及药师寺东塔等建于法隆寺之后的建筑,建造年代更晚,平子用作旁证的后世史料全都不足取。

之后,足立康参与进了这场争论中来,还有三浦周行等历史学家也加入了,结果一直等到1939年若草伽蓝的发掘才基本有了结论。若草伽蓝是较西院伽蓝更早的寺院遗址,从中发现有塔和金堂的遗址,同时从西院伽蓝出土了古时形式烧焦的瓦片。这些都表明较西园伽蓝更早的寺院在法隆寺境内确实存在过,就塔和金堂的位置而言,其中轴线与西院存在相当大的不同。因此,可以断定,西院和若草伽蓝同时存在的可能性很低。

由此看来,创建时的法隆寺就是若草伽蓝,它在670年(天智九年)被毁,其后重建的是现存的西院伽蓝。重建时先建金堂,不久建五重塔,接着是中门、回廊,西院的整体建筑直到八世纪初才竣工。

近年的法隆寺论

法隆寺建筑的建造年代就此有了结论，以此为前提促进了各种研究的进步。不料，在近年又出现了新的非重建论。其中之一是对以梦殿为主的东院的重新评价。东院的发掘调查早在1938年实施过，发现了被烧毁的挖坑立柱式建筑遗迹。根据法隆寺内部的传说这是圣德太子斑鸠宫的遗址，它证明了《日本书纪》皇极二年（643年）所载苏我入鹿火烧斑鸠宫的史实。但是，当时发现的檐口筒瓦的纹饰这次却成了问题。依据以前的知识，西院的用瓦和斑鸠宫的用瓦时间上相差三十年左右，然就其纹饰而言，两者几乎不存在年代差。因此，创建时的法隆寺应该是同斑鸠宫一起被烧毁的，而西院建筑较现今的推定理应上溯二十年左右。

像是与此呼应似的，年代年轮学也发掘出了新事实。木材的年轮根据每年气候条件的不同，宽度不尽相同。仔细调查其宽度的变化，就能获知标准的类型，从而弄清木材生长的实际年代。根据光谷拓实氏等人的研究成果，在五重塔修理时取样的塔中心柱柏树材质的年轮为公元241年至591年的年轮。再通过对柏树边材（也称白太，不适合作为建筑材料的部分）的统计，其为53年上下误差17年。因此，五重塔中心柱的采伐年代定为591年加53（上下误差17）年，即644（上下误差17）年以后。这结果有可能使得五重塔的重建时间自670年又上溯好多年。

以这些成果为依据，多个非重建论都试图上溯到670年（天智九年）火灾以前来重新思考法隆寺的建筑和美术。当然，关于檐口筒瓦的纹饰，也有研究者持不同的解释，而五重塔中心柱年轮的年代并非明示了绝对的年代。但是，法隆寺的文化遗产较其之后的建筑等，确实样式古老，合乎情理的解释也是热情的体现。我们还需继续关注法隆寺的调查及其成果。

（附记）近来还有报告称，根据年轮年代法，法隆寺五重塔中心柱的采伐年代为594年，金堂外殿的两块天花板分别为668年和669年，五重塔的云状拱为673年。五重塔中心柱的年代过久，怎样考虑合理？难以判断。而其他的年代大多好像支持了重建论。但是，这些都并非670年火灾的直接证明，今后还会出现各种不同的解释。

伊势与出云——神社建筑的成立

伊势的本殿

伊势的神宫由内宫(皇大神宫)和外宫(丰受大神宫)两处神社组成,内宫和外宫分别祭祀天照大神和丰受大御神。因为是祭祀皇祖神——天照大神,自古作为宫中祭祀的中心而受到人们的崇拜。据《日本书纪》记载,本来是在天皇的大殿内部祭祀皇祖神,因其气势实在过于强盛,天皇为之恐惧。自崇神天皇时代起在大和的笠缝邑建立矶城神篱祭祀,又在垂仁天皇时代为求神灵永居之地,在查看近江、美浓地后最终选定伊势。这便是伊势神宫内宫之起源。

神社境域并排两处大小相同的区域,每次式年迁宫①时交替使用。传内宫的式年迁宫始于持统天皇四年(690),外宫始于同前六年(692)。这之后每过二十年的式年迁宫,除战国时代(1467—1568)以外从未间断,一直延续至今。1993年,内外宫都迎来了第

丰受大神宫(外宫)鸟瞰

---

① 每隔一定时期翻造新宫,从旧殿中移神体到新宫祭祀。伊势神宫每二十年翻新一次——译者注。

皇大神宫（内宫）正殿

六十一次的迁宫。这种两处区域交替建造的式年迁宫制度，对保持原有建筑形态是个绝好的方法，初期的建筑形式大致都保存至今。

神社境域中央坐落着正殿，面阔三间，进深二间，挖坑立柱，山墙两侧竖立二根另行支承屋脊的所谓脊柱。墙壁铺板而成，屋顶为双坡顶茸草，顶上置鱼状压脊木。还有山墙上博风向外延伸用作装饰的长木。这种形式被称之为神明造。

出云的建筑

出云大社的起源在《日本书纪》《古事记》也有记载。统治出云国的大国主神在献出国土时，请求自己的住所也能够造得像天神御子的宫殿那样，粗大的立柱高高耸起，屋顶装饰用长木直冲云霄。据说大国主神的要求得到了满足，他进入这座神殿后再也没有出来，即作为神被祭祀，从而完成了国土的转让。

出云神社的神殿就好像是证实这个神话般似的，非常之高。平安时代中期编纂的儿童教科书《口游》中称赞其为大型建筑物之最："云太、和二、京三。"即出云大社第一、东大寺大佛殿第二、平安京大极殿第三。东大寺大佛殿高约45米，出云大社本殿要远远超过它。平安时代没有特别大的风灾，但屡屡发生神殿倒塌的事件，这暗示建筑结构的不稳定。根据室町时期的记录，神殿最初的高度为三十二丈（一丈约合3米、即约96米），后来减至十六丈、八丈，最后（当时）仅四点五丈。

现存的本殿是延享元年（1744）重建时的建筑，面阔二间，进深二间，大致是个正方形平面，双坡茸柏树皮屋顶，顶上置三根鱼状压脊木，还有两处装饰用长木，总高约24米。

出云大社

平面的形式仍是古代以来的形态，但高度似乎矮了很多。地板高高架起的形象可以通过松江市南的神魂神社本殿（建于1583年）来想象。这是此类建筑形式大社造中最古的遗构，较出云大社的现今神殿年代还要早，比如脊柱突出在两边山墙的外侧等。

神魄神社

两座神殿的特点

这两座神殿不同于其他神社的形式。当时日本国内最流行的是流造和春日造神殿形式,典型例子分别为京都的贺茂社和奈良的春日大社。先在地面上组合个井字形木框(地梁),上面立柱。这种形式的话,只要移动土坛,就可以将建筑搬到各处去。换言之,多数神殿似乎都是临时设置的建筑物。

而伊势和出云的本殿都是挖坑立柱形式的建筑。从两神社创始传说中可以看出,两者都是分别祭祀各自祭神的永久设施,同时需要指出的是两者都具有完整的神社境域布局。伊势和出云似乎都是有意而为之所形成的结果,伊势本殿的山墙有着与法隆寺金堂相同的设计。

伊势在创始式年迁宫时曾重新明确职能,一方面具有祭祀天皇祖先的神殿功能,另一方面则具有象征国神的神殿功能。七世纪后半期正值天武、持统两天皇采纳律令制完善新国家体制的时期,相对新宗教佛教具有的光彩夺目的寺院伽蓝,其完善了祭祀日本神灵的制度和建筑形式。

由此看来,各种不同的形式中包含着特殊的意义。当时最高级的建筑就是宫殿和寺院。宫殿的形象又是怎样的呢？挖坑立柱，屋顶用板、柏树皮等木质材料茸盖，这已在房屋埴轮中看到过。此时的宫殿结构有了一小步的进步，已不需要如古代那样的脊柱。但在这两座神殿中还特地使用着脊柱，而伊势还是仓库的形式。

另一方面，在比较寺院的建筑后，也有学者认为：伊势神宫左右对称的布局是有意识地沿用寺院的伽蓝布局，出云大社的高度沿用了塔的高度。

神社建筑的起源

在伊势和出云的形式问世前夕，还残留不少被安置在古坟中的房屋埴轮，它能够帮助人们了解古坟时代的状况。这些埴轮模仿的是墓中主人们生前的房屋，但这些埴轮中几乎不存在神社的形象，即便发现其房顶上架有装饰用长木、鱼状压脊木——之后神社建筑特有的装饰，也难以断定在整体上它就是神社。因为当时尚未产生后来称之为神社的形式。

但是，探寻神社祖形的努力一直持续着。在古坟时代后期的松野遗址（兵库县神户市）中发现了双重栅栏围绕的挖坑立柱建筑遗迹，据说这可以说是伊势神宫本殿的祖形。还有从古坟时代前

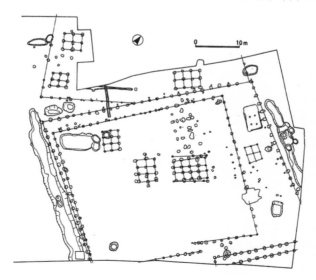

松野遗址的遗构平面图

期至中期的长濑高滨遗址（鸟取县东伯郡羽合町）也发现了围有栅栏的大规模干栏式建筑遗迹，推测其高度为 15 米。这是一种怎样形式的建筑呢？虽然我们不知道其详情，不过，需要注意的是新发现了一处与祭祀有着千丝万缕联系的建筑遗迹。

古京的调查与藤原京

古京的调查与保护

藤原京、平城京等，这些我们现在耳熟能详的古代都市（称之都城或宫城），直到不久前才弄清了它们的来龙去脉。由于迁都，原来的都市被废弃，经过千年的岁月成了水田等耕地，从地表上难以看得出曾经的都市痕迹。明治以后，先驱者们开始了对古京的保护，但本来就广大无际的遗址靠个人的努力调查谈何容易。其学术性调查始于大正年间，有组织有规模的发掘使之成为可能。

二战前取得重大成果的是藤原京的发掘调查。历史学者黑板胜美、建筑史学者足立康领导的日本古文化研究所于 1934 年至 1942 年对藤原京进行了发掘。弄清了称之"大宫土坛"的土丘实为大极殿遗址，接着又发现了朝堂院的十二处建筑遗迹。通过发掘调查复原了地面上已荡然无存的藤原宫形象。

关于平城京，自明治中期至末期。建筑史学者关野贞、历史学者喜田贞吉等根据地表上残留的仅有痕迹，尝试了对平城宫遗址等的复原。受到两者激烈争论影响的栅田嘉十朗发起了宫城的保护运动，他成立了"奈良大极殿保存会"，并以一人之力将 10 公顷土地归属在保存会名下。平城京中心的平城宫发掘调查始于 1924 年。经过数次的调查，弄清了宫殿形式不同于平安宫，宫殿外侧分散着官署等。

二战后又开始了新的调查工作，其契机是新的都市开发，在京城和宫殿境域计划修建道路和铁路。作为事先调查所实施的每次发掘都探明了重大事实，而且为其后在全国制止破坏和保护遗址起到了借鉴的作用。

首先是平城京。1953 年，在平城宫北部计划修建贯穿东西的道路。抢救性发掘发现了长超过百米的建筑，地下遗存的范围和

大官大寺九重塔遗址
作为古代的塔，有着压倒性规模的中心柱坑。

重要性得到了进一步的确认。1952年新设立的奈良国立文化财研
究所，在1959年以后继续对平城宫遗址展开了调查。1961年，又
发生了私铁公司打算购买平城宫遗址西侧三分之一地用作车库的
事件，文化人和学者对此发起了大规模的反对和保护运动，结果政
府出面买下了平城宫遗址的整个区域。

接着是藤原宫。1966年计划中的165号国道的支路可能会经
过宫殿境域，为此，进行了抢救性事先调查。其结果基本弄清了藤
原宫宫域位置，而且出土了大量的木简，遗址的重要价值得到了进
一步的认识。1970年以降，同平城京一样，由奈良国立文化财研究
所继续对其进行发掘调查。

现在想来，我们作为重要文化遗址保护下来的都市遗址，当时
错走一步的话，就会遭受灭顶之灾，可谓九死一生。这对于当今的
国土开发来说，应该以此为戒，警钟长鸣。

古代的宫都与藤原京

七世纪中期,在难波(现今大阪)域内初次建造宫都难波京,其后一百五十年里,相继建造了大津宫、藤原京、平城京、恭仁京、紫香乐京、保良宫、由义宫、长冈京、平安京等。这些都市整体上呈长方形,内部为网格状道路,规划井然有序。这种都市形式和制度起源于古代中国,唐代时高度发达。实现了在日本国内的模仿建造,这表明向中国学习政治制度规范的日本具备了相当的国力,达到了付诸实施的阶段。最初在难波建设中国风格的都市,发端于大化改新(645年)后迁都难波,因为有必要与中国进行外交上和军事上的交流。

七世纪的政治中心是飞鸟。历代天皇都在飞鸟建宫殿,于此执掌政治。有权势的贵族也在附近造房居住。但是,这与中国成熟井然的政治都市形象相差甚远。

离开飞鸟建设宫都"藤原京",是在《日本书纪》所记的持统四年(690)。持统天皇在约十年前就策划新京的建设,这一年她视察了藤原宫的用地,翌年进行了新京的破土典礼和住宅区的分配。天武天皇在壬申之乱(672)后即位,为确立中央集权制国家呕心沥血,倾注了全部的精力。宫都建设由继承皇位的持统天皇付诸实施。持统八年(694),自飞鸟净御原宫迁都。作为宫城曾有过难波宫,但作为政治中心且全盘接受中国制度的都市,藤原京可以说是有史以来第一次。

藤原京规划

藤原京的京城区域规划源于曾有的奈良盆地古道。根据岸俊男氏的推定,东端至中道,西端到下道,北端为横大路。京城区域,东西南北的大路等距离划分成大块。大路的间隔用当时测量土地的高丽尺(一尺约合35.4厘米)测算,为七百五十尺,约为265米。以大路包围的一个个方形小块,其内部四等分成小路,各自通向东西南北。这些方形小块还得减去道路的宽度,实际为120—130平方米的空间,称之为"坪"或"町",是土地的基准单位。

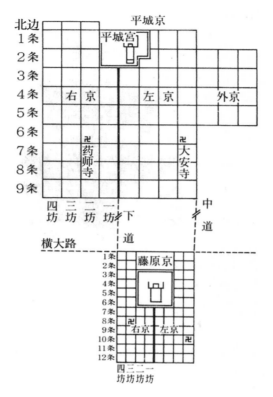

藤原京和平城京的模式图
从中可以看出奈良盆地的古道和藤原京、平城京的关系及规模大小。

　　此类都市中建设有主要设施。天皇的宫殿和作为政治中心的大极殿、朝堂院以及天皇的住宅内里都坐落在中央靠北。大极殿和朝堂院与以往样式的不同，为中国风格的建筑，即使用基石、瓦，建筑构件上施以丹、青等华丽的色彩。推测其周围的官署建筑也都一样。

　　以朝堂院南门为起点的朱雀大路向南延伸。朱雀大路大致分为两部分，东侧为左京，西侧为右京。主要寺院的大官大寺和药师寺分别位于左京、右京的南面。其他区域更以小路细分，分别为贵族和一般庶民的住宅区。当然也有作为生活物资流通的市场。

　　藤原京住宅区的面积标准，根据《日本书纪》记载：右大臣四町，四品以上二町，五品一町，六品以下为一町至四分之一町。现实中也有面积更小的,甚至为十六分之一町。升任大臣的上级贵族在宽广的宅邸中,除自己的住宅以外,还建造了家眷、佣人住房和各种仓库。土地有限的一般庶民仅有窄小的主屋和储藏室,土地的其余部分都用作菜园等。

都市中第二重要的设施是寺院。藤原京的大寺院首选药师寺(木殿所在、本药师寺)和大官大寺。药师寺是天武九年(680)天武天皇为祈祷皇后(之后的持统天皇)病愈许愿兴建的,及至持统二年(688)大部分已建好。发掘调查表明,药师寺的伽蓝中轴线与藤原京的条坊中心线几乎一致。因此,可以看出藤原京的规划在更早的 690 年就已付诸实施。

在此,特别要指出的是药师寺伽蓝形式新颖,金堂的前面布局两座三重塔,建筑形态也具有新的元素。留在平城京的药师寺三重塔是座附外檐的建筑。

药师寺东塔(平城京)
现存的东塔是在平城京建造的,但曾有是否从藤原京的药师寺移建过来的争论。

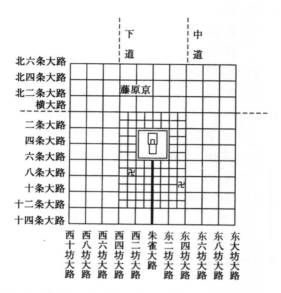

大官大寺原为舒明天皇许愿于七世纪中期创建的,经过数次的迁移,后在藤原京内香具山南侧建造了新的伽蓝。它是座巨型寺院,与药师寺一样也在金堂前面修建了两座塔,传为九重。根据发掘调查表明,第一层方五间,各边五十尺。古代的塔如此大规模的,前所未闻。

作为第一座宫都的藤原京,在迁都十六年后的 710 年(和铜五年)迁往新建于奈良盆地中央的平城京,可谓去之匆匆。根据发掘结果表明,作为国家大寺院的大官大寺,其营造尚未过半,像是半途而废。

(附记)藤原京的发掘调查还在进行中。从岸俊男氏推定的京城外侧发现了许多条坊的道路遗址,京城区域无疑更大。藤原京周边的京城区域十分广阔的观点(参阅下图)十分可靠。这与中国古书《周礼·考工记》所载都市图相通。

奈良都城——平城京

平城京的都市规划

自藤原京迁都平城京的计划始于 707 年,翌年发布迁都诏书。

从这年起实际开始了奈良的新都建设,两年后的 710 年 3 月迁都平城。

虽说迁都,但此时作为都市的平城京尚未建成。因为是超大型土木工程,需要更多的劳力以及石材、木材等建材,其数量超过了人们的想象。还有不少的建筑和设施要从藤原京整体移建过来。可以想象,在迁都时,只是建好了天皇的住宅内里以及政治中心的建筑大极殿、朝堂院,还有周围的官署建筑群,以应付实际的使用。而作为都市重要设施的寺院从藤原京搬来,全部迁移完成是十年以后的事了,而贵族和官僚们的建筑也不是一开始就全都建好的。平城京的营造是断断续续完成的。

平城京与其他古代都市一样,整体上呈长方形布局。中央为横贯南北的朱雀大路,西侧右京,东侧左京,在左京更东侧的缓坡上设外京。内部根据通向东西南北的大路进行网格状划分,东西向大路总计十条,其间自北面起分别称之一条、二条,南面到九条

平城京模型(1∶1000)
　　大路纵横的都市规划。北部为大规模的宫城区域和官署建筑群,南面住宅区密集,寺院点缀。(奈良市政厅藏)

为止。南北向大路包括朱雀大路在内有九条，其间左京的话，自中央分别称左京一坊、左京二坊……左京四坊，右京的话，右京一坊、右京二坊……右京四坊。大路与大路的间隔为一千八百尺（约532米）。大路的两侧设水渠和夯土墙。围有夯土墙的大区为"坊"，其内部东西南北各通三条小路，被分割成十六个小区"町（坪）"。因此，"町"的大小为四百五十尺（约133米）见方。大路间的距离自道路中央到道路中央，因为还有小路的宽度，实际区划的规模会更小，而且道路的宽度也大小不一，根据区划场所的不同，规模程度相差很大。

中央北部为宫城区域，设有大极殿、朝堂院、内里、官署建筑等，这与其他都市形式相同，但根据岸俊男氏的观点，其位置和京城区域的设定方法上，与藤原京存在强烈的相互通借关系。换言之，平城京在决定京城区域时，也是以南北向贯穿奈良盆地的两条古道（中道和下道）为基准的。藤原京将这两条古道设为东西两端；而平城京的东西为其两倍的规模，因此将包括中道和下道在内的区域定为左京，再在西侧以同样大小的区域另设右京。这一观点对于单纯认为"平城京模仿中国唐朝首都长安"的以往论点而言，是都市设计方法论上的新见解，在思考日本都市制发展过程方面具有重要的意义。

平城宫——政治设施与天皇宫殿

超大型都市平城京的北部中央，坐落着大极殿等政治设施和天皇宫殿、即平城宫。平城京中心的南北道路朱雀大路北起大极殿，通过平城京南端的罗城门，站在宽度90米朱雀大路遥望彼方的朱雀门，一派"青瓦奈良城"的景象。

关于平城京大极殿的位置，随着发掘调查的不断深入，提出了多个不同的推论。这是因为在朱雀门的北侧和东侧存在几乎相同大小的大规模长方形区域，分别发现了大极殿、朝堂院的遗址。现今的基本结论如下：首先，中心区域是平城京迁都后就建造的（第一次），这在740年移都恭仁京时被移走。五年后复都平城京，其实建设的（第二次）大极殿在东侧区域。

天皇住宅的内里，奈良时代都在相同的位置。第一次在大极

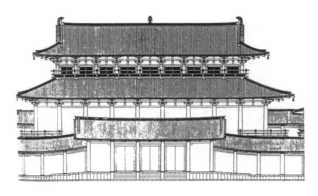

平城京第一次大极殿

二层规模的宏大建筑,后移建恭仁京。也有移建自藤原
京大极殿的可能性。(引自《平城京发掘调查报告Ⅺ》)

殿的东侧,第二次在大极殿的北侧。正殿在中央,左右对称地布局
小规模建筑,由若干个小区组成。

围绕这些中心部,在东西北三面建造官署建筑,东端有个称之
东院的区域,建造有水池和风格异样的楼阁建筑。这似乎是天皇、
皇族们的游乐设施。

住宅区的面貌

接下来再看平城京的细部。住宅区同藤原京时一样,按照人
口的多少分配住宅区。根据发掘调查,确认其大小有四町、二町、
一町、二分之一町、四分之一町、八分之一町、十六分之一町和三十
分之一町等。最大规模的四町是三品以上(相当于大臣)贵族住
居,面积超过二万坪,而一般庶民住宅最小,为六十分之一町约八
十坪。

在发掘调查以前,因为遗址很少,几乎不了解奈良时代住宅建
筑的情况。仅有两处值得参照的建筑,一是光明皇后母亲橘三千
代家施舍的法隆寺东院传法堂,二是关野克氏运用正仓院史料复
原的紫香乐宫右大臣藤原丰成殿。两者都是身居高位的贵族住
宅。但根据二战后实施的京城内发掘调查,发现了各种不同阶层
的住宅。发掘调查是在一定范围内进行的彻查,除中心的主屋以

外,还发现了许多区域内仓库、杂物间以及墙、水井等相关的设施,为了解当时的生活提供了极其重要的信息。

左京三条二坊十五坪住宅遗址占地一町,推测是四至五品贵族的住宅。用墙环绕,大致分为两个区域,分别以面阔九间、进深四间和面阔七间、进深四间的主屋为中心,在其周边布局佣人们的住房、仓库、杂物间等。近年来发掘调查探明的长屋王的住宅占地面积更大,其间有多栋建筑。就一般住宅而言,包括家人和众多佣人在内,所有的人都生活在其中,当然也就需要各种不少的设施。

接着来再看右京八条一坊十三坪、十四坪遗址。从中可窥见庶民的住宅,一町被分割成好几小块,最小的住宅区只有三十二分之一町,仅有小型主屋一栋和类似储藏室的建筑,余下的土地作为菜园。宫城区域附近大型住宅居多,离开越远,小型住宅的分布就越多。

平城京的住宅模型
复原的是平城京左京三条二坊十五坪的住宅。(引自《平城京展:重现的奈良之都》)

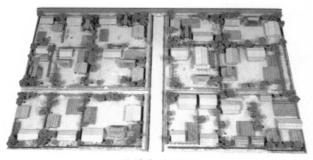

平城京住宅区
右京八条一坊十三坪、十四坪。一町(约 120 米见方)被细分后的庶民住宅区,由主屋和附属建筑、菜园组成。(引自同前图录)

寺院建筑

平城京建有许多寺院。从藤原京迁移而来的国家级大寺自不待言,还迁移了不少贵族的氏寺①,数量相当庞大。虽说大都是一町规模的小寺院,但大的寺院占地横跨二坊,面积超过十六町的大寺也有好几座(如药师寺、兴福寺、元兴寺、西大寺等)。在平坦的古代都市建造三重塔、五重塔,还成为人们赏心悦目的地标。

自藤原京时代起,寺院制度不断完善,作为"四大寺"有飞鸟寺(法兴寺)、大官大寺、川原寺(弘福寺)、药师寺。最早迁移的是大官大寺,716年改名大安寺。718年,药师寺和飞鸟寺迁移,之后飞鸟寺改称为元兴寺。川原寺没有迁移,藤原氏的氏寺兴福寺新加入到大寺行列中。对于是否从藤原京迁移来的,发生过激烈争论的是药师寺,一般认为药师寺的伽蓝布局与藤原京的一样,是移建而来的。但也有人认为从现存的药师寺东塔没有发现移建的痕迹,古文献中也记载着药师寺有塔四基。因此,判断药师寺是因袭旧形式新建的寺院。但运来藤原京曾使用过的瓦片也是事实,似

元兴寺极乐坊本堂(右)**和禅室**(左)
曾为奈良时代僧房的一部分,经过镰仓时代的大修保存至今。通过所转用的当初的旧木材痕迹复原了奈良时代的僧房。

① 某一家族或同宗建立的并世代皈依的寺院,如后出藤原氏的兴福寺以及和气氏的神护寺等——译者注。

东大寺大佛殿

现存的大佛殿为江户时代中期的重建。创建当初,左右侧面阔还各有二间,
规模非常之宏大。

西大寺东塔遗址

奈良时代最后的大寺院遗址。当初规划的是八角七重塔,实际
建的是四角五重塔。据说造塔负责人藤原永手为此死后下了地狱
(《日本灵异记》)。

乎迁移时有过复杂的经过。大安寺也一样,原规划有与藤原京相同的伽蓝,但 718 年留学归来的僧人道慈带来了中国最新的建筑技术,对规划作了重大的变动。中国先进的建筑技术在八世纪也通过遣唐使等继续对日本产生着强烈的影响。

752 年,根据圣德太子的许愿进行了东大寺大佛毗卢遮那佛的开光供养。东大寺为超大型寺院,具有在全国规划建造国分寺的总国分寺的性质。为此,新设官署造东大寺司,以此推进其土木、建筑等实务以及写经事业。负责这项宏伟事业的造东大寺司,技术力量雄厚、组织能力超强,奈良时代官办工程的大半出自造东大寺司之手。

奈良时代最后的大寺是 765 年称德天皇许愿建造的西大寺,是为祈祷战胜藤原仲麻吕之乱而建造的大寺院。中央置两座中国风格的金堂,还有用屋檐连接两座建筑并列的子院十一面堂院、四王院。建造进深长的建筑始于奈良时代的小型寺院、子院建筑,进而又普及到平安时代的新寺院。

平安迁都

从奈良迁都平安

毫无疑问,从奈良时代向平安时代的重大转折,政治改革是当初的目的。以新建成的平安京为舞台,社会发生了巨大的变化。平安京在都市和建筑方面,提供了全新的空间。

如前所述,平城京通过与中国唐朝的交流,建立了完备的都市制度和建筑体制。但随后又放弃了,并重新进行新都的建设。784年,开始在山背国长冈地建设新京——长冈京,并进行了第一次迁都。但主导迁都的桓武天皇由于近亲不幸、作祟等原因,重新计划迁都,并于十年后的 794 年迁至平安京。之后,截止到明治维新,平安京作为天皇宫殿的所在地持续了约千年,发挥着日本政治中心的作用。

长冈京的发掘

长冈京位于山背国葛野郡长冈村(现今京都市西南、长冈京市一带)。南北九条、东西八坊,与平城京除去外京的规模大小相当。

在其中央靠北的六坊设置宫城区域。营造开始得很早，迁都翌年（785）正月已完成了朝堂院、内里的建造。在建设长冈京之际，从难波宫和平城宫也移建来了相当多的建筑。根据对大极殿和朝堂院的发掘调查，其出土区域的瓦约百分之九十同难波宫的形式一样，这表明从难波宫移建了主要建筑。还有在朝堂院西方的官署建筑西部、内里南方官署建筑以及第二次内里区域，其中约百分之五十的瓦为平城宫式瓦，显示这里有许多来自平城宫的移建建筑。即便在第二次内里地区，长冈京特有形式的瓦也只是百分之二十七。这些事例可帮助我们了解当时突击建城的背景。

难波京自七世纪中期建成以来，作为港口外交的都市以及一度的京城，在古代史上发挥了重要的作用，但在长冈京建成后失去了其功能。

长冈京整体的设计方法是为了克服平城京的不足，这种努力显而易见。土地的分割单位"町"的大小规定如下：宫城区域南面东西三百五十尺、南北四百尺；二条大路以上东西四百尺、南北三百五十尺或三百七十尺；其他均为四百尺（约 120 米）见方。面向朱雀大路区划较窄类似平城京，其他的区划宽度尽量统一。还进一步将这一区划的内部细分设定贵族和庶民的住宅区。通过近年的发掘调查，发现最大的住宅区二町、最小的三十二分之一町，同平城京的标准基本一样。大规模的宅地在宫城区域附近，小规模的住宅在其外侧，这些也都与平城京的相同。

长冈京的发掘调查自 1954 年以来持续不断地进行着。当初仅限于大极殿、朝堂院、内里地区，1970 年代以降由京都市教育委员会负责，开始进行包括宫城的官署地区以及京城的广大地区的调查。不过，因遗址的大部分已成为市街，难以展开大规模的发掘调查。但持之以恒的拼图式调查，使得住宅区等的形态清晰明朗起来。问题在于遗址的保护滞后，被指定为历史地区的面积仅为京城区域整体的 0.002％，是今后（需）解决的重大课题。

平安京遗址

794 年，从仅持续十年的长冈京迁都平安京。都城的营造似乎一直在有序地进行着，但在十一年后的 805 年，桓武天皇在听取贵

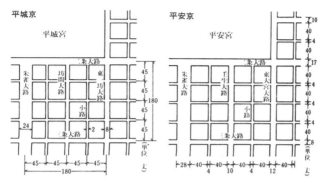

平城京与平安京的土地区划

平安京的最小区划"町"无关道路的宽度,均为四百尺见方。
这与平城京以前的做法大相径庭,为其新特点。

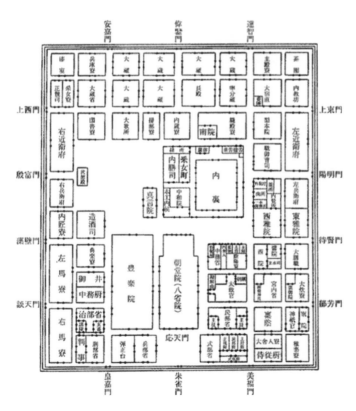

平安京大内里

中心有八省院、丰乐院、内里,周围为官署环绕。

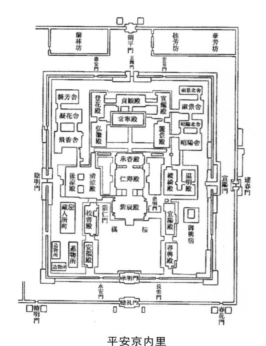

平安京内里

以紫宸殿为中心，各种建筑基本上左右对称排列。使用
的都是素木、柏树皮葺顶等传统的建筑形式。

族的意见后，终止了营造工程。屡次三番的新都建设，加上出兵虾
夷，民众怨声载道。其后的平安京建设如何尚不清楚，据约二百年
后庆滋保胤的《池亭记》记载，东侧的左京朝外侧扩张，而右京已经
荒芜。这种倾向是中世、近世共同的特点。历经长年发展起来的
平安京，在其土地打上了时代的烙印，它不同于在古代完成使命的
其他都城，这或许是极其自然的事。

平安京遗址几乎全都埋在市街地下，没有过统一的发掘，多靠
因开发而进行的小规模抢救性发掘，这样来积累相关知识。尤其
是1970年代以降，规定在进行市区内已知遗址的开发时，必须事
先接受行政部门的指导。这样，调查的数量也增加了。有关大路
小路全部应该有七十二条，其中五十条以上已经找到。近年来，在
右京一条三坊九町、同前六条一坊五町发现了贵族住宅寝殿造草
创期形态的遗址。虽说速度缓慢，但遗址调查一直在脚踏实地地
展开着，期待今后有更大的发现。

图说日本建筑史

平安京的规模与建筑

平安京的规模与长冈京基本相同,南北九条、东西八坊,南北约 5.2 公里,东西约 4.5 公里。中央靠北是宫城区域,东西二坊、南北三条计六坊。

就都市规划而言,长冈京所见手法在这里进一步得到了贯彻。平安京首先设定"町"的大小为四百尺见方,这是不可动摇的基准,然后补足道路的宽度。从而解决了以往的矛盾——最小土地单位"町"的大小不固定,即给予住民的土地面积不固定的问题。

江户时代的宫廷典章制度学者里松固禅的大著《大内里图考证》为我们展示了平安京中心区域的大极殿、朝堂院、内里以及周围官署街的形象。据此记载,中央有大极殿、朝堂院(八省院),其左有丰乐院,内里在大极殿东北方。周围是官署街,整体呈矩形。朝堂院较以往的规模缩小,大小几乎相同的丰乐院与之并列。由此表明朝堂院的政治功能已演变成礼节性仪式,而作为飨宴设施的丰乐院也登上了历史舞台。

根据《大内里图考证》的内里图,可以知晓平安朝内里的详情细节。内里以紫宸殿为中心各种建筑左右对称地排列着,据说这种结构深受中国的住宅建筑群的影响。但是,这种内里的结构逐渐简化,中世时仅作为仪式场所的紫宸殿以及天皇住宅的清凉殿还保持着这种形式。还有宫殿的建筑形象,通过描绘有平安后期宫殿样子的《年中节庆画卷》可以窥见其大概。除内里以外的大内里,都是屋顶盖瓦、柱上绘丹,采用了深受中国传统影响的设计。但仅限内里,还保存着柏树皮茸顶、素木立柱。这种反差强烈的意匠选择,自七世纪佛教建筑出现以来一直持续着,可以说它坚守了日本住宅建筑的传统。

密教建筑与空间

最澄与空海

在奈良时代接近尾声时,诞生了两位僧侣——最澄和空海,分别生于 766 年(天平神护二年)和 774 年(宝贵五年),都吸过奈良时代末期的空气。

平安京大极殿

从中可窥见涂朱的立柱、盖瓦的屋顶等中国风格的设计,尤其请注意回廊屋顶上的苍龙楼标识。(引自《年中节庆画卷》,田中家藏)

就政治而言,奈良时代末期是个重大的转折点。770 年(神护景云四年)称德天皇驾崩,光仁天皇即位。光仁天皇一改以往重视佛教的做法,实施了强有力的限制政策,这又为桓武天皇所继承。壬申之乱(672 年)的结果,天武天皇即位。自此所有的天皇都出于天武天皇血统,但光仁天皇是天智天皇之孙,之后都是来自这一血统的人即位天皇。

为了摆脱奈良的政治、宗教的束缚,天皇计划迁都。首先于784 年(延历三年)移都山城国的长冈京,十年后的 794 年(延历十三年)再迁都平安京。在平安京对佛教的限制更为严厉,仅允许营造作为国家大寺的东寺、西寺两座寺院,京城内禁止建造其他寺院。当然,佛教也发生了与以往不同的变化。

最澄十二岁入近江国分寺,十四岁得度,十九岁在东大寺戒坛院受戒。至此最澄走的都是僧侣通常的途径,但受戒后他却一人跑到比睿山上结庵修行,并开始修学天台宗。之后在 804 年(延历二十三年)至翌年赴唐留学,追求以往奈良佛教所缺乏的宗教主体性,并以比睿山为据点开创天台宗,在佛教史上留下了巨大的足迹,直至 822 年(弘仁十三年)五十六岁圆寂。

空海出生在赞岐国。十五岁上京,三年后在大学寮明经道学科考试及第,迈出官僚生涯的第一步。但在求学中,命中注定邂逅

了一位行者。行者向空海传授虚空藏求闻持法,引发了他对密教的极大兴趣。这种修法是奈良时代流行的密教行法之一,目的是获得超常的记忆力,也是一种典型的山中修行法。空海其后接触了传自唐朝的《大日经》,深为密教世界所吸引。自804年(延历二十三年)空海留唐两年,师事长安青龙寺慧果,接受了密教——真言宗的奥秘,归国后对贵族社会产生了重大的影响。

延历寺根本中堂
由最澄草庵发展而来的一乘止观院的后身建筑,现存建筑为1640年(宽永十七年)重建。

天台宗建筑

最澄在 819 年(弘仁九年)完成了比睿山的整体规划。在世时,他设立大乘戒坛,围绕新宗教与奈良佛教展开激烈的论战,但因为没有得到当时社会的充分理解,在财政上还经常发生问题。因此,除原为草庵的根本一乘止观院、法华三昧院、宝幢院以外,几乎没有其他建筑。但根据这一规划,可以窥见最澄所设想的比睿山伽蓝以及各种建筑的特点,其中列举有一乘止观院、法华三昧院、一行三昧院、般若三昧院、觉意三昧院、东塔院、西塔院、宝幢院、菩萨戒坛院、护国院、总持院、根本法华院、净土院、禅林院、脱俗院、向真院等十六座建筑。

以"院"组成整个寺院,从中可窥见其不同的新思想。其中,尤其惹人感兴趣的是有四处三昧院。天台宗的修行目的是成就其特有的佛教境界"止观",因此规定了四种三昧院。"行"的建筑即四种三昧院。据说在 812 年(弘仁三年)竣工的法华三昧院,就常有五、六位僧侣闭门不出、不分昼夜地奉读《法华经》。其建筑形式为正方形,面阔、进深均五间、宝塔形屋顶。内部仅中央一间见方,供奉佛像,其他均为修行空间。之后建造的常行三昧院也具有相同的内部空间,最澄所重视的"行"的建筑非此莫属。

延历寺总持院多宝塔
二重塔,下层方五间,上层方三间。近年根据古文献进行了重建。

延历寺法华堂（右）和常行堂（左）

1595 年（文禄四年）的重建，忠实保持了方五间、宝塔形的原貌。与同样形式的常行堂并排在一起。

最澄圆寂后，陆续建起了大乘戒坛院、四王院等，平面均为正方形。其实这些建筑的正方形形式缺乏必然性，但可以说通过这种形式为天台宗建筑特色增添了象征性的意味。

最澄时代落后于真言宗的密教，通过圆仁的留唐（838—847）带来了先进的经疏、仪轨、法器等，作为天台密教道场 862 年（贞观四年）完成了总持院的建造。它由三座建筑组成，中央是供奉《法华经》的二重多宝塔，左右是五间见方的灌顶堂和真言堂，伽蓝华丽。

高野山金刚三昧院多宝塔

建于 1223 年（贞应二年）。特点是塔身盖覆椀形屋顶，下层为正方形平面的外檐。在中世，多宝塔广泛普及于天台、真言两宗寺院。

真言宗建筑

空海自中国归国后，暂时入住洛北的神护寺，并以此为据点

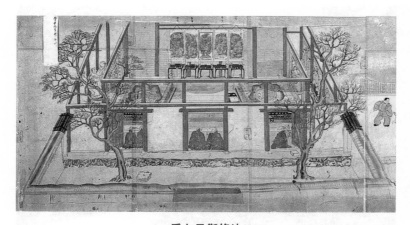

后七日御修法
平安时代后期御修法的情景。(引自《年中节庆画卷》,田中家藏)

进行弘法活动。神护寺本来是和气氏的氏寺,空海在此建造了数座密教特色的建筑,其中一座是创建于天长年间(824—833)的真言堂,另一处是若干年后建造的多宝塔。真言堂内部东西面分别悬挂胎藏界、金刚界的两界曼荼罗,真言僧在其中进行各种修行。这种形式成了密教空间的原则,很久以来都在此空间举行传授密教奥秘的灌顶仪式。空海还计划在深山高野山营造修行道场,同时特别强调密教的法术,并经常为天皇、贵族举行消灾驱病的祈祷,加深了对贵族社会的渗透。终于在 821 年(弘仁十二年)将东寺改为真言宗寺院,并于 835 年(承和二年)成功地将密教特有的修法作为宫中的年中节庆——后七日御修法,创建了宫中真言院。宫中真言院、东寺灌顶院中心建筑的内部空间与神护寺真言堂的建筑同出一辙。

但计划在高野山建造的两座多宝塔在空海在世时没能完成,分别是高十六丈(约 48 米)和九丈(约 27 米)的大型建筑,塔内分别供奉胎藏界、金刚界的五佛。

最澄、空海等平安佛教的祖师们规划的新建筑和空间,目的是为了各自固有的佛教境界而将空间与"行"结合在了一起。奈良时代的佛堂为以本尊为中心的净土表现,而密教建筑属远为流动的空间,它取决于进行"行"的僧侣的主体性。还有新形式的塔——

多宝塔象征《法华经》或大日如来佛。这两大特点的建筑形式,在以后则为天台、真言两宗所继承。

平安京的神社建筑

平安京与神社

794 年(延历十三年)的平安迁都,在政治史、佛教史上带来了重大的转折。与此同时,神和神社的状况也发生了根本的变化。本来是祭祀山城国贺茂家氏族神的贺茂社,由于迁都加深了它与朝廷的关系,作为平安京守护神社的性质越发浓烈,807 年被授予神社中最高级的正一位等级,地位仅次于祭祀皇室祖神的伊势神宫。在朝廷诸多的祭神活动中,贺茂社的祭祀活动地位重要,仅次于天皇即位后举行的大尝祭。

上贺茂社(贺茂别雷神社)
位于鸭川上游右岸。

相对这种国家性质的神社和祭祀的重组,以市民为中心的新都市需要符合都市色彩的新的神灵和祭祀仪式。其中,863 年 5 月20 日在大内里南方的神泉苑举行的御灵会最具象征意义。在这天,神泉苑并排置放六座"灵座",以花装饰,并举行大规模的供养仪式,既有僧人讲解佛经,也有雅乐寮乐人表演音乐,还有人跳大唐舞、高丽舞和表演杂技、俗乐等的。这是依据天皇的诏书举行的法会，当日敞开神泉苑四门，让民众自由观看。祭祀的神灵是崇道天皇等六人的灵魂，都是因为谋反等嫌疑死于非命的人。因为在这年开春后有瘟疫侵袭了都城，传为这些鬼魂在作祟，法会目的是为了镇住它们。

据说这类御灵会以前也在京城举行过，有拜佛诵经，表演歌舞、演剧、相扑、骑射等，热闹非凡。但当时所谓御灵并非特定人物的怨魂，具体真相不明（参阅柴田实《日本庶民信仰史Ⅲ 神道篇》）。

这类御灵会是一种对策，为的是对付每年发生的传染性严重的瘟疫。将远因归结于那些没能得到厚葬的怨魂，通过祭祀、安魂解决问题。这种信仰最后与牛头天王、苏民将来的传说重合，从而发酵诞生了祇园社（八坂神社），御灵会也演变发展成为盛大的祇园祭。

将怨魂信仰与特定人物相结合的例子，首推被流放到大宰府含冤离世的菅原道真，其结果创建了北野天满宫。

下面我们一起去看看贺茂社、祇园社、北野天满宫等平安时代典型的神社建筑。

贺茂社的建筑样式——流造

贺茂社的本殿形式称为"流造"，而春日社的形式称为"春日造"。各自形式最小的社殿平面为一间见方、双坡顶的建筑，自正殿延伸加盖披屋①作为参拜廊的建筑称"流造"，而以山墙为正面参拜廊的建筑称"春日造"。流造只要增加脊檩的长度，就可横向地扩展其正面空间，据说贺茂社的形式为面阔三间的"三间社流造"。也有像住吉神社（国宝，山口县）那样的"十一间流造"。

仅就这两种神社形式而言，其显著的特点是在地面上组合井字形基座，上面立柱建造社殿。社殿建在基座上，就意味着只要搬动就可随时移走社殿。

正如稻垣荣三氏所指出的，这一特点来源于太古时社殿的职能。换言之，神的居所本无社殿，每逢有祭祀仪式时迎神光临祭祀

---

① 原文为"庇"，即在主屋的三面或四面加盖屋顶，相当于披屋形式——译者注。

场所,待短暂逗留、仪式结束后再送神回去。因此,当时神住宿的设施是非常设的建筑,形式上要求社殿是可以移动的,这印刻着时代的烙印。同时需注意的是,将社殿所用的基座稍稍引申的话,形态就酷似神轿的样子。结合流造和春日造是分布最广的社殿形式这点来考虑,我们甚至可以推测祭祀仪式时神存在的共性。

圆成寺春日堂
镰仓初期春日造的典型建筑,建筑在基座上。

上贺茂社(贺茂别雷神社)和下贺茂社(贺茂御祖神社)的本殿都建于 1863 年(文久三年)。下贺茂社自古代末期以来,每三十年重建一次(所谓的式年造替),这与伊势神宫的二十年一次的迁宫相同,是日本神社特有的建筑更新方法。

北野天满宫境内的摄社
建筑在基座上的小神社。

八坂神社的建筑——佛堂风格的本殿

现在的八坂神社在 1868 年(明治元年)实行神佛分离前称"祇园社",为神社、寺院混淆的特殊形式。境内以本殿为主,建筑可谓鳞次栉比,据说 1691 年(元禄四年)时有神社建筑四十三处,佛阁两处(药师堂和塔),还有神官僧人的住房十数座。明治初年,拆除了社殿以外的建筑,境内土地缩小到约四分之一。

现今的本殿为 1654 年(承应三年)的重建,形式上类似佛堂,离神社的形象甚远。本殿中心面阔五间、进深二间,四周绕以披屋,一间宽度;前方为面阔七间、进深二间的拜殿,本殿、拜殿两者相连;整个建筑的两侧面和背面盖有披屋,下设房间。这种平面形式与中世的佛堂如出一辙。

八坂神社本殿
巨大的歇山顶、附设在周围的房间等,这些在形式上类似佛堂。

《二十二社注式》详细记录了祇园社创建始末,据此史料记载,当初的祇园社建在观庆寺境内,由面阔五间、柏树皮茸顶的神殿和面阔五间、柏树皮茸顶的拜堂组成。当时的这种建筑结构一直传承至今。1070 年(延久二年)火灾后重建时,用一个大屋顶将两者盖在了一起。另在平安初期的文献中见有"祇园天神堂"的记载,确认了自当初起就是座佛堂形式的建筑。

这些特点似乎促使了御灵会势必发展成为神社和寺院双方的祭祀,而祇园社的祭神(或许是本尊)——牛头天王(现今为素戈鸣尊)也成为不对应以往供养法的新神。

北野天满宫的建筑——权现造

北野天满宫的创建起因于十世纪前期接连不断的天灾。901年(延喜元年),菅原道真因为藤原时平的谗言中伤,被流放到大宰府,郁闷中两年后去世。其后,时平、保明亲王、庆赖王等人也相继早逝;930年(延长八年),清凉殿遭雷击,开会中的大纳言①藤原清贯等人被击中身亡。于是,人们觉得这是道真怨魂在作祟。不久,巫女多治比文子传达了神谕,称必须在北野右京马场祭祀道真,947年(天历元年)再度通报了神谕,将祭祀场所迁至现今的北野地域。959年(天德三年),藤原师辅营造了神殿。自当初起,除天满宫、天满天神、北野天神以外,还被称作北野寺、北野圣庙等,是座神佛共祭色彩浓厚的神社。

北野天满宫
庆长十二年(1607)重建后的样式,拜殿正面装饰有起翘式博风、卷棚式博风。

----

① 律令制度中,太政官次官的官职名称,与左右大臣一起审议政务,上奏天皇,下传圣旨——译者注。

现今的本殿为1607年（庆长十二年）由丰臣秀赖重建的建筑。本殿中心面阔三间、进深二间，四周绕以披屋；正前方不远处置拜殿，面阔七间、进深三间，本殿与拜殿之间盖有屋顶。这部分地上铺石块，也称之"石之间"。这种形式即"权现造"或"石之间造"，形式源自古代，平安时代末已有石间的存在。

北野天满宫特有的这种权现造形式，始于祭祀丰臣秀吉的丰国庙，近世前期作为庙宇建筑的典型形式已广为普及。因为德川家康在各地建造的东照宫、第二代将军秀忠的台德院灵庙、第三代将军家光的大猷院灵庙等都是典型的实例。

平安贵族的宅邸——寝殿造

平安京的住宅用地

平安京是古代最后的规划都市，按照传统布局东西、南北大路和小路，棋盘状地分割土地。北部置政治设施的大内里，在南面的南北九条、东西八坊的市区集中了贵族、官僚、一般居民的住宅区。土地的分割单位为"町"，即以小路围绕的四十丈（约120米）见方的面积，如棋盘状排列组合成大都市。一町为上等贵族宅邸大小的标准，摄政、关白①等的宅邸更大，有不少南北超过二町的，更有四町的大宅。平安前期在西侧的右京也见有上皇和贵族的宅邸，但中期以降多集中在东侧左京一条至三条地区。其中，在通向大内里正门朱雀门的二条大路南侧，鳞次栉比地建有东三条殿、堀川院、闲院等南北二町的大宅。贵族宅邸内的建筑并非其全部，服侍他们的仆人住居多在宅邸外，以宅邸为主的各种活动甚至放在外部进行。

从《年中节庆画卷》等绘画资料可以看出，建筑的屋顶都是用柏树皮盖的，柱子不上彩、素木。初期还是挖坑立柱，中期以后使用基石。各个建筑铺板，四周围以外廊。这些特点在天皇的住宅内里也能见到，可谓坚守了传统住宅的设计理念。

---

① 辅助天皇管理国家的重臣名称，天皇幼年时的称摄政，成年后的称关白——译者注。

58

寝殿造的典型形象

这种贵族宅邸一般称为"寝殿造"。现今已没有一处寝殿造的实例存在,只能通过贵族的日记等文献窥见一二,大致如下:首先,这是处一町,即四十丈(约 120 米)见方的土地,外侧围以夯土墙。用地中央偏北侧为主要建筑的寝殿,东西置规模稍小的对屋(东对和西对)。寝殿与对屋之间用廊和渡殿连接,可以不脱鞋渡步。自东西对屋起,向南延伸中门廊,途中开中门,再向南延伸,尽头设泉殿、钓殿。整个建筑群基本上呈东西对称布局。寝殿前面是庭园,南方有池并置中岛。再朝南有假山,在视觉上是座完整的庭园。

据平安时代后期的贵族藤原宗忠日记《中右记》所载,具有东西对屋、东西中门的住宅按照法律属"一町家"。这表明当时的人们视这种形式为典型的建筑。

但是,有人对这种寝殿造的整体布局也存有疑问,因为寝殿造全盛时期、即平安时代后期左右对称的遗址还没被发现。平安前期在寝殿造所举行的最重要的仪式是正月的大飨宴,它以寝殿为主要会场;而平安中期以降,大多举行所谓临时客的私宴仪式,此时以东西对屋中的一处为主要会场。因此,寝殿造的一方对屋功

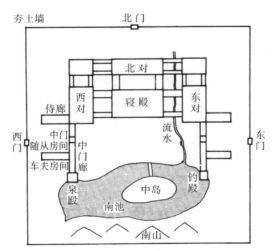

寝殿造概念图

在围以夯土墙方一町的宅邸内,建有寝殿并左右
对称排列东西对屋、中门廊等各种建筑。

画卷中的寝殿造
自右侧的道路到寝殿的南庭,形形色色的建筑鳞次栉比,从中可窥见各种阶层人们的生活场景。南庭在玩斗鸡。

能得到加强,而另一处相对减弱。来宾进入寝殿造时,是从住宅的东西门进来的,通过中门沿中门廊抵达对屋和寝殿。是从东门还是西门,要视东西道路的性质、宽度等而定,虽然情况各异,但大致还是固定的。使用频率高的一方各种设施集中,反之逐渐萎缩。比如被视为寝殿造典型的藤原氏东三条殿,其不设西对,而东侧的中门廊设施齐全,同时附设有管家房、侍从房、车库等,结构功能上偏重于东侧。

内部空间与装饰

那寝殿造又是怎样被使用的呢?作为住宅住人当然是第一位的,但较现代住宅,生活方式无疑存在很大的不同。比起现代住宅来,寝殿造不但面积上大得不得了,而且由多栋建筑组成。首先就家族形态而言,原则上实行的是入赘婚姻,即丈夫走婚妻家。因此,夫妻不在同一场所起居。即便同居在一起,也分别住在不同的地方。比如丈夫在寝殿生活,妻子住在西对等。孩子和妻子住在一

起，但在成年后住到别的地方，等同于分居。还有众多仆人为这个家族服务，他们也得有地方住，当然是群居。在宽敞的寝殿造建筑群中，家族成员实行分居。尤其是贵族们的生活，从关乎政治的公家公事到个人私生活形式上都有严格规定，近似程式化，关于这些我们现代人是无法想象的。

接着看一下建筑内部的样子。上图为东三条殿寝殿的平面图。寝殿中央是面阔六间、进深二间的主屋，东端是二间见方的"涂笼"。所谓涂笼是以厚壁分隔建筑内部的全封闭起居室，外侧设木板双开门，关闭的话，就是一个全封闭的空间。农家建筑中的"储藏室"与其相同，涂笼主要作为起居室使用。功能同天皇日常住居清凉殿内的"夜御殿"一样。以披屋围绕主屋，一部分为小披屋①或大披屋②。

外侧建筑构件使用在格栅上钉木板的"密椽上悬窗"，白天悬吊起来，晚上降下来屋内漆黑一片。不过，安装上悬窗的话，柱子间就不能自由行走。而挂上竹帘，就能巧妙分隔内与外。半透明的帷幕，微风袭来，摇曳摆动。但外部的人看不见里面人的动静。

---

① 原文为"孫庇"，即在披上加披的披屋形式——译者注。
② 原文为"広庇"，即在屋顶山墙侧加披的形式——译者注。

另一方面,寝殿内部因为各种装置,形成了内部空间。本来是结构单纯的建筑,门窗隔扇都不是固定的。从公家仪式到私人家宴,根据各种仪式的需要,不时改变着内部空间。为了营造仪式会

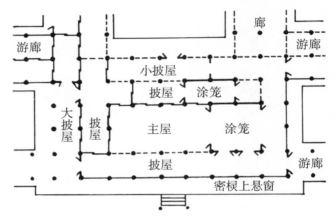

东三条殿的寝殿平面图

传为平安中期以降最有权势的藤原氏典型寝殿造宅邸中的寝殿。中央由开放式空间和封闭式起居室空间"涂笼"组成,周围绕以大、小披屋。

二条院寝殿一景

檐廊的栏杆、圆柱、横梁上的帘子、室内的榻榻米、绘有风景的隔扇,从中可窥见寝殿的设计理念。[引自《源氏物语画卷 宿木(三)》,德川美术馆藏]

场的氛围,运用竹帘、屏风、几帐①、冲立障子②等分隔空间,更置各种家什。在铺板地面上,放置草垫、蒲团作为来宾的座位。在榻榻米的檐廊上使用不同颜色或纹样的布,表示不同等级或仪式。起居室里还搬入了寝榻。

换言之,建筑提供了用途广泛的仪式和生活的场所,而各种可动性强的小件家什以其丰富多彩打造了内部空间形象。可以说,这是一种以各种形状、色彩、图案、纹饰构成的具有不同意味的象征性极强的空间。

南庭

寝殿南侧一定设有庭园。住宅建筑作庭,这在飞鸟、奈良时代的宫殿遗址中就有发现,作为游乐飨宴的设施占有重要位置。南庭在平安贵族住宅中是必不可少的设施,但其形成过程尚不明了,但最迟在十世纪已相当成熟了。当时贵族住宅在举行曲水之宴等时,理应将它作为咏歌赋诗的会场,这样,无疑需要能够引发人们高雅审美意识的装置,这便是效法自然的日本庭园。

庭园中种植着四季不同的花卉等植物,自北面引细流造池。造池是奈良时代以前就有的做法。立石点景,岸边模拟沙洲、海滨等。以水为主题的庭园摹写各地名胜风景,将和歌浦、须磨、明石、天桥立、盐釜等名胜缩小集中重现于京城寝殿造的庭园中。这些地方常常为和歌所诵咏,作为卧游天下美景之装置,庭园起到了不可替代的作用。

净土教建筑

净土教的发生

作为平安时代的代表性建筑,首先想到的是宇治的平等院。前面置池,左右翼廊,其建筑的华丽身姿再现了人世间的极乐净

---

① 寝殿造室内家什之一,在台座上竖两根主柱子,顶上架根横档,自上垂下帷幔,用以分隔室内空间——译者注。

② 宫殿或贵族宅邸室内移动式屏障用具之一,相当于屏风。简称冲立——译者注。

土，人们为之赞叹不已。从当时的贵族到现今的人们，到访者无一不为之感动，仿佛进入了别样的世界。

对平安时代后期产生重大影响的思想是净土教。所谓净土教，即专修往生阿弥陀佛极乐净土的念佛法门。其起源甚早，据说发源于印度，在中国得到了普及，且很早就传来日本。奈良时代中期制作的当麻曼荼罗即描绘净土教经典《观无量寿经》内容的极乐净土图，在其下方，通过绘画的九个场面重现了往生极乐净土的方法，即人临终时阿弥陀佛来迎的场景。往生有上品、中品、下品三个种类，每个种类又细分为上生、中生、下生，共计九品。

《地狱草纸》（局部）
根据源信的《往生要集》等制作了许多描绘地狱
场景的画卷。（东京博物馆藏）

净土教盛行始于平安中期，985 年（宽和五年），天台僧源信撰写完成了《往生要集》。此书前半描写人生之不净、痛苦、无常以及坠落地狱后的种种惨状，而后半则教导人们通过修行特别是念佛往生极乐净土，并强调这是适合所有人的最为容易的方法。

在日本，先是中级贵族接着是从下层民众中，出现了笃信念佛的净土教信徒。也许是人们不能指望现实的荣华，当然就期待死后的往生。在《往生要集》问世的几乎同时，庆滋保胤编辑了《日本往生极乐记》，撷取极乐往生僧侣俗人的信仰生活，可见当时净土教已相当普及。

后来的藤原道长造佛建寺,使得净土教一举成了佛教艺术的中心主题,大规模的无量寿院(之后的法成寺)的营造为其第一波热潮。

道长与法成寺

藤原道长(966—1027)集权力和财富于一身,极尽荣华富贵,然晚年为疾病所折磨。他于1019年(宽仁三年)出家,为此,许愿建造无量寿院。寺址在其宅邸之一的土御门殿东侧,京极大路与鸭川之间。规模为东西南北各二町,约240米见方。在其西南先建阿弥陀堂,于翌年的三月竣工。

阿弥陀堂坐落在池水西侧,正面朝东,堂内供奉九体金色丈六阿弥陀如来佛像、观音势至两观音像、彩色四天王像等。建筑规模宏大,面阔十一间、进深四间。中央的佛坛上供奉九体丈六佛,两侧柱与柱之间各供奉一尊佛像,建筑呈横长形状。阿弥陀堂的内

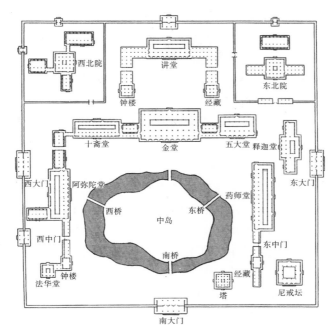

法成寺伽蓝复原图(清水扩氏绘制)
1020年(宽仁四年)阿弥陀堂建成,之后陆续建造了金堂等许多建筑,形成了壮丽的伽蓝景观。

部装饰同样也花费了很大的气力,大门内侧描绘九品往生的场景,佛坛前矮格子屏风施以螺钿,镶嵌着形形色色的宝石,摆放经书和佛具的矮桌等也装饰有螺钿或莳绘。并排供奉九体阿弥陀佛就是对应九品往生,以前未曾有过,是道长首创的新形式。

此后,至道长去世的 1027 年(万寿四年),法成寺(无量寿院是阿弥陀堂的尊称)已陆续建起了钟楼、十斋堂、三昧堂、经藏、西北院、金堂、五大堂、药师堂、尼戒坛、释迦堂等,以金堂为中心环以池水,伽蓝基本上是左右对称。金堂供奉三丈二尺(约 9.6 米)的金色大日如来像,具有浓厚密教谱系的佛教色彩,从中可窥见追求现世利益的元素。就在这年十二月四日,道长在阿弥陀堂内九体阿弥陀佛前铺床躺下,手持引自中尊手上的五色线,在众多僧侣诵读《阿弥陀经》声中离开人世。

平等院凤凰堂

道长创意建造了九体阿弥陀堂,而他的儿子赖通要在宇治重现极乐净土。宇治原为藤原氏的别墅,是处风光明媚之地。赖通规划引宇治川丰富的水源造池,设中岛建阿弥陀堂。屋顶上置两羽凤凰,名曰凤凰堂,建筑于 1053 年(天禧元年)竣工。当时从中国传来了许多描绘极乐净土的画卷,从中可窥见坐落在莲池上的宫殿中供奉着阿弥陀如来佛,两侧延伸着翼廊。而现实中的平等院凤凰堂两侧的翼廊,其地板离地面较高,结构上十分轻快,但不能在上面行走。它是种特殊的建筑形式,设计的目的就是为了让人从外面眺望。在凤凰堂前池的对岸也建有名曰小御所的建筑,这一设施的目的也是用来眺望浮现在池水上的整座凤凰堂。

在凤凰堂的内部中央供奉丈六的金色阿弥陀如来佛像,为当时最杰出佛师定朝的代表作。自顶下垂金色的天盖,堂内的门扉、墙上都绘有漂亮的日本画,柱上雕刻着诸尊形象,上部的墙上镶嵌着木雕云中供养菩萨和飞天。就连建筑构件从夹板条[①]、梁到斗拱细部,也都施以色彩,极尽华丽。

---

① 原文为"長押",安装在门楣或门槛等侧面,连接柱子之间的横向构件——译者注。

平等院凤凰堂

舍宇治别墅为寺,名平等院,于 1053 年(天禧元年)建凤凰堂(阿弥陀堂)。

九体阿弥陀堂

道长最初建造的阿弥陀堂是在堂内供奉九体阿弥陀如来佛,这种九体阿弥陀堂,于 1077 年(承历元年)白河天皇重建法胜寺之后流行开来,直至平安时代结束,已确认的就有三十余座。多数建筑规模同无量寿院,也有更大的。全都是诸如天皇、法皇、女院等权势阶层许愿建造的,从中可窥见净土信仰对贵族社会的渗透,同时也可看出来自道长的强烈影响。现存唯一的九体阿弥陀堂遗构是净瑠璃寺阿弥陀堂。它建于 1107 年(嘉承二年),在池水对岸建有三重塔。净瑠璃寺为兴福寺谱系的净土教僧建立的分寺,没有强有力的施主。因而较京城的九体阿弥陀堂,就其装饰性而言是无法比拟的。

净土教建筑的背景

始于道长的阿弥陀堂谱系造成了不同于以往建筑的特殊状况,那人们为何要倾如此之庞大的财富于其中呢? 当时恰逢末法时代,即在 1052 年(永承七年)佛法绝灭,此时人们一味祈求极乐往生,而贵族社会已聚拢了相当的财富。但这并不能说明为何净土教以外的佛教建筑会更多这个事实。从道长的法成寺可以看

净瑠璃寺阿弥陀堂
建于 1107 年，为现存唯一的九体阿弥陀堂遗构。在池水对岸即东侧建有三重塔。

出，所建造的不仅仅是阿弥陀堂，而且还在其他建筑中投入了高于阿弥陀堂数倍的财富。近些年来，佛教学者开始注意这个问题，他们认为："克服末法＝繁荣佛教"意味着从经济上保护寺院。建造了寺院，就需要供养、维持管理它的僧侣，就需要更多的财源。许愿者在营造建筑的同时，还将许多庄园捐献给寺院。因此，末法思想其实是寺院为摆脱经济危机有意炮制的意识形态化的宣传。一方面，贵族社会随着平安时代的结束失去经济实力，而另一方面，天台、真言宗寺院在中世迎来了盛行的时代。结合这点来考虑，以上的观点极具启示意义。

六胜寺与鸟羽离宫

院政期的寺院

所谓院政期，即天皇退位后作为"院"掌握国政大权的时代。这一时期，在洛东白河地区建起了以法胜寺为首的带"胜"字的六座寺院即"六胜寺"，同时在洛南地区也建造了规模浩大的庭园以及集佛教建筑和宅邸为一体的鸟羽离宫。在白河,同样有不少宅邸同时建有佛堂和住宅的。这一时期京城的建筑数量即便在日本历史上也是屈指可数的。毫无疑问,这些营造活动以强大的经济实力为后盾,那驱动它的原动力又是什么呢？如前项所言,不能单单理解为出于"信仰"。结合这些壮观的建筑群都是天皇、院以及近亲者的许愿所为来看,所夸示的是中兴王朝的超越性,甚至企图运用王权重组佛教。这一时期在宏大伽蓝举行的新佛教法会,所大力宣称的就是对以往传统的正宗继承,意在制定新秩序。

六胜寺的伽蓝与法会

不将藤原氏视为外戚的后三条天皇(1068—1072年在位)亲政后,推进新政,于1070年在仁和寺南旁创建圆宗寺。在建造完金堂、讲堂、法华堂等后,又于翌年完成了常行堂、灌顶堂的建筑。根据所留下的图纸表明,围绕金堂的前庭是回廊,伽蓝形式是以奈良时代以来的复古传统为基础,加上灌顶堂、法华堂、常行堂等平安新佛教的建筑。继圆宗寺之后,在洛东白河地区先后建造了六胜寺。下面列举其寺院名和许愿者及供养(竣工)年份:

法胜寺　白河天皇　1077年(承历元年)供养

尊胜寺　河堀天皇　1102年(康和四年)供养

最胜寺　鸟羽天皇　1118年(元永元年)供养

圆胜寺　待贤门院　1128年(大治三年)供养

成胜寺　崇德天皇　1139年(保延五年)供养

延胜寺　近卫天皇　1146年(久安二年)供养

据说在这些寺院中,法胜寺到 圆胜寺四寺是由白河院,而成胜寺和延胜寺两寺是由鸟羽院提议兴建的(参阅竹内理三《律令制与贵族政权Ⅱ》)。

白河院许愿建造的法胜寺为六胜寺中规模最大的一座寺院,其设计奇特,充分象征了院的权力所在。占地规模超过东西二町、南北二町。中央为七间四面附外檐的金堂,自两侧延伸两层廊,中途南折,其先端置钟楼和经楼。南面造池,中岛上建有八角九重塔,传高二十七丈(约81米)。池西设九体阿弥陀堂,供奉九体阿弥陀佛。金堂的北侧有讲堂、药师堂、五大堂、北斗堂、爱染堂、法

法胜寺金堂推测图

　　这是座面阔十一间附外檐的建筑,用于举行华丽的法会。两侧有回廊。福山敏男氏推测在法胜寺金堂举行的是大乘会。(引自鹰司本《年中节庆画卷》,宫内厅书陵部藏)

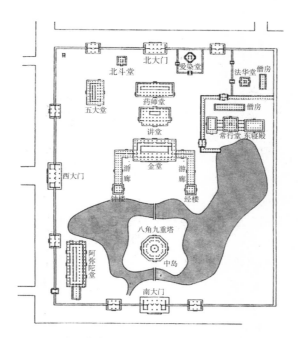

法胜寺伽蓝复原图(清水扩氏绘制)

　　规模宏大,占地超过四町,建造有金堂等各种建筑,南庭池中中岛上建有八角九重塔,池西见有九体阿弥陀堂。

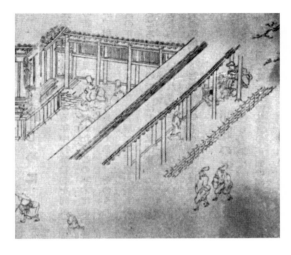

华堂等,东侧池延伸处以回廊围绕常行堂和寝殿。金堂本尊是尊高三丈二尺(约9.6米)胎藏界大日如来巨像,九重塔中则供奉金刚界的五智如来。

尊胜寺规模南北、东西各二町,较法胜寺小了一圈。以回廊围绕前庭的金堂为中心,东西建塔,还有讲堂、阿弥陀堂、药师堂、灌顶堂、五大堂、法华堂等。没有池,整体布局非常接近奈良时代的寺院。其他四寺院的规模在一町至二町不等,没有池,为法胜寺的缩小或省略形式。

这些寺院创设了种类不同的法会。法华寺设法华会、最胜会,更与法胜寺的大乘会一起,被称之北京三会,参会成为僧侣升迁的条件。从前,南都三会(兴福寺维摩会、宫中御斋会、药师寺最胜会)起的也是这个作用,不过,这些都是后来新加入的制度。在圆宗寺的灌顶堂,根据后三条的许愿进行了结缘灌顶仪式。尊胜寺、最胜寺也分别创设了灌顶堂,在其结缘灌顶仪式中,担任小阿阇梨是僧侣升迁的条件。

鸟羽离宫

鸟羽位置相当于京城南方、朱雀大路正南,鸭川和桂川自其北侧流出,近其而交汇。自古以来就是风光明媚之地,也是宫廷贵族狩猎、游乐的好去处。

十一世纪,藤原季纲在此建立山庄,随后季纲将它献给了白河天皇,1086年(应德三年)开始建造离宫。整个占地竟达一百八十町(一町约120米)。掘池筑山,接连修造了好几座御所和御堂。其池南北八町、东西六町,十分浩大,深八尺,模沧海造岛,写蓬莱

鸟羽离宫东殿之钓殿

描绘的是白河院建造的鸟羽离宫东殿的景象,从中可清楚地窥见寝殿造风格的建筑与庭园的关系。(引自《融通念佛缘起》,芝加哥美术馆藏)

山叠岩,水面渺渺起霞烟。

白河院先造南殿御所,于翌年 1087 年(宽治元年)御幸。继而营造了北殿御所、马场、马场殿御所、泉殿御所(后改造为东殿御所)等。另作为自己的墓地,又在东殿御所近旁建三重塔,后追加两座多宝塔。此后,又规划了御所附近的佛堂,分别在南殿御所、北殿御所、东殿御所设立了证金刚院(1101 年)、胜光明院(1136)和成菩提院(1131 年)。多为供奉阿弥陀如来佛的净土宗谱系佛堂。白河院去世(1129 年)后,鸟羽院继承了鸟羽离宫,并在东殿御所设安乐寿院(1137 年)作为自己的墓地,又规划新开田中殿御所建金刚心院(1154 年),造九间四面的九体阿弥陀堂、三间四面的释迦堂两座佛堂以及作为住宅的寝殿。

可以断定,多数院的御所与供奉阿弥陀如来佛的佛殿为组合建筑,在采用平安时代住宅建筑——寝殿造手法的同时,又增加了佛教色彩。一座座佛堂金碧辉煌,尽显庄严。

白河的御堂与法住寺殿

在规模上虽不及鸟羽离宫大,但同样布局的建筑群在白河的六胜寺附近及左京七条一带多有建造。

在赴法胜寺法会时,白河院借大僧正觉圆的坊舍作为临时御所,随后接受转让并在此地营造御所。1095年(嘉保二年)泉殿(即后来的南殿御所)竣工。接着又在大池对岸,营造了九体阿弥陀堂(即之后的莲花藏院)。白河之后,又有鸟羽院于莲花藏院置三重塔以及宝庄严院(九体阿弥陀堂)、得长寿院(千一体观音堂,面阔三十三间);还有美福门院得子许愿建造的欢喜光院、金刚胜院以及高阳院泰子许愿建造的福胜院(置九体阿弥陀堂和三重塔)等。

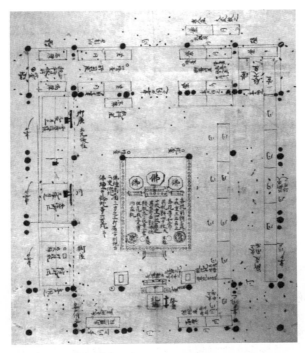

最胜光院修二月的指纸

　　根据后白河法皇的皇后建春门院的许愿,于1173年(承安三年)建造。内殿开阔、进深各三间,以一间宽度的披屋围绕内殿。图所绘为修二月法会的布局,院、女院的参拜场所以侧面的披屋环绕,十分有趣。(称名寺藏,神奈川县立金泽文库保管)

　　进入十二世纪后期,后白河院在右京七条至八条的法住寺旧址上新建法住寺殿作为院政的据点,其周围同样围绕有许多佛教建筑。1164年(长宽二年)建立的莲华王院供奉一千○一尊观音像,以三十三间堂而特别有名。现存的建筑为1249年(建长元年)火灾后,于1266年(文永三年)的重建,重建时大致保持了旧形式。

还有 1173 年（承安三年）建春门院滋子许愿建造的最胜光院，相传最胜光院集当时之精粹，"土木之壮丽庄严之华美，天下第一之佛阁"。

在院的御所及其周边建立的佛教建筑多为九体阿弥陀堂、千一体观音堂及各种佛塔等。可以说，院政期集中建造了许多大规模建筑，属历史上为数不多的特殊时期。多数建筑都由院的近臣承包建立，作为恩赐授予其官位（谓之成功）。接受恩赐者则以从地方搜刮的财富作为回报，从而成就了这个时代才有的特异的建筑群。

平泉的建筑与遗址

地方的建筑

以上介绍了平安时期以京都为主的建筑概况，下面来看一下地方的建筑状况。的确，同京都一样，建筑遗构的残存数量很少。因此，曾想通过文献探寻其实情，但有些地方连文献都没有。究竟地方上有没有过丰富多彩的建筑文化？中心都市京都是因后世战乱火灾失去了建筑，而地方上遗构少的原因又与之不同。

富贵寺大堂外观
寺院位于国东半岛，平安末期建造，作为天台谱系的山岳道场繁荣一时。一间见方的主屋四面环以披屋，正前一间扩大作为朝拜部分空间。供奉本尊阿弥陀如来佛，内壁描绘诸尊。

当时,在地方上有过何等程度的建筑技术？发掘调查表明,早在奈良时代就规划在全国推行国分寺、国分尼寺,并建造了相当数量的寺院。其中,金堂、七重塔等建筑都是用高超的技术建成的。但这些技术是否扎根地方并成为之后建筑的原动力,这不得而知。地方的权势阶层在古代至中世的进程中,又是经过了怎样消长,理应有种种不同的经纬,因为其高超的建筑技术似乎出现过断层。

在平安末期的多处遗构或遗址中,如白水的庭园和阿弥陀堂(福岛县)、三佛寺投入堂(鸟取县)、富贵寺大堂(大分县)等,都是在来自中央强烈的影响下建造的。其中典型的例子有岩手县平泉的建筑。

平泉的遗址

众所周知,平泉是奥州藤原氏三代经营建筑的东北之都。在前九年战役(1051—1062)、后五年战役(1083—1087)之后,藤原清衡将奥六郡实际掌控在了自己势力范围之中,并于十一世纪末由江刺郡丰田移居至北上川西岸的平泉。之后的百十年间,平泉作为奥州的中心,一跃成为多彩文化的繁荣之地。多数寺院都营造有庭园,围绕寺院又建造了藤原氏家族的宅邸。

从《吾妻镜》文治五年(1189年)九月十七日条所载"寺塔已下注文"可窥见其一二。清衡先是在白河关(福岛县)到外滨(青森县)道路沿线的每个町都建立一座笠卒塔婆,用以象征金色的阿弥陀如来佛。并在平泉关山的中心地设塔一座,接着又建立多宝塔。在这些建筑中左右分别供奉释迦、多宝两尊像,其间为通道。另在释迦堂供奉百余尊释迦像,两界堂制作两界曼荼罗诸佛供奉,还在关山山中建造了许多建筑,如高五丈(约15米)的二阶大堂(大长寿院)、金色堂、收藏宋版《一切经》的经楼等。继承清衡的基衡又随后在中尊寺南方创建毛越寺,造金堂(号圆隆寺)、讲堂、回廊等,同时于寺院正前方掘大池造庭园。基衡之后的秀衡则完成了圆隆寺西侧规模较小的嘉胜寺(之后称嘉祥寺)的建造。此外,还有基衡妻子所建造的观自在王院和秀衡的无量光院等。

除这些寺院以外,秀衡的宅邸平泉馆位于无量光院之北,嫡子国衡、四男隆衡宅邸栉比排列,三男忠衡的宅邸在泉屋东面。作为

毛越寺庭园

大池前曾建有附设翼廊的金堂，从中门到金堂前，经由中岛，之间架桥。

"常居所"，秀衡曾在无量光院东门外构筑加罗御所，后泰衡继承仍为居所。观自在王院南面是东西数十町（一町120米）长的仓町，有数十座高房子；其西侧隔着毛越寺，面朝道路一侧建有数十家车夫住家。

文献中所述的这些建筑基本上都已消失殆尽，地上仅留存有中尊寺金色堂和毛越寺庭园等极少数的遗构。而这之所以引发世人瞩目是因为昭和二十（1945年）至三十年代的发掘调查。1952年（昭和二十七年）无量光院的调查，发现了从中央阿弥陀堂延伸两翼的廊建筑以及前方的水池，确认了传承所言，其模仿的是平等院凤凰堂。接着在后续的毛越寺、观自在王院的调查中，也发现了各自记载中的许多建筑。

1988年以来，对北上川西岸柳之御所遗址进行的发掘取得了重大成果。在这里发现了以壕、垣、沟围绕的大宅邸遗址，同时出土了大量的土器（不施釉陶器）、本土产和中国产的陶瓷器、木制品生活用具、金属制品以及墨书建筑绘画、丝绸的目录、衣服的购物清单等的木制托盘等。此地邻接传秀衡常居所的加罗御所及无量光院等，因而更多地被推定为秀衡的宅邸平泉馆或国衡、隆衡的宅邸。这个新发现起到了探明整个平泉都市结构的促进作用，并引发建筑界的热烈讨论。但要揭开全貌，还需很长时间，有待于其他重要地区的发掘成果。不过,一次发掘竟能如此推动历史研究的进展,作为一个事例将永久留在人们的记忆中。

中尊寺金色堂

中尊寺是清衡许愿,于平泉最早规划建造的寺院,但其真相尚不为人知。从前面介绍的《吾妻镜》中也只能了解其初期的样子,寺院建在山中,四处散有建筑。即便在二战后持续进行的发掘调查也仅发现些零星的建筑遗迹,寺院的整体形象还是个未知的谜。但仅从所发现的有限的实物线索,即许多的美术工艺品和金色堂等在内的若干座建筑,也可窥见其昔日曾有过的辉煌。

中尊寺金色堂全景
在 1962—1968 年落架大修时复原了当初的形象,被整个地放在了空调完备的钢筋混凝土的房屋内。

金色堂是座极具特点的特异建筑。第一,整个建筑构件都采用金箔贴面,装饰几近奢侈;第二,佛坛内部安置着藤原氏三代人的遗骸。从脊檩墨书铭得知,它是 1124 年(天治元年)由清衡建立的。采用了小佛堂的常用形式,即一间四面(以披屋围绕方一间的中央部分的形式),宝塔形房顶,以木材做成瓦片形式葺顶,斗拱为简单的一斗三升组合,各柱之间置驼峰。内部组织、佛坛等以螺钿、莳绘等技术施以重彩,尤其是中央四根柱子于圆板上绘四十八体诸尊,为工艺建筑之极致。中央的正方一间的佛坛内部安放着

中尊寺金色堂内部
中央部分柱子和佛坛上都镶嵌有螺钿,装饰精美,工艺技术
精湛。

清衡的棺椁,左右侧后方佛坛内部也有棺椁,推定墓主分别是基衡
和秀衡。

　　本尊为阿弥陀如来佛坐像,这种在阿弥陀堂内部安放遗体的
例子没有他例,是一种葬礼上的特异方式。

毛越寺与观自在王院

　　如前所述,发掘调查中的最大成果是毛越寺和观自在王院。

　　根据《吾妻镜》记载,基衡建立的圆隆寺建有金堂、讲堂、常行
堂、二阶总门、钟楼、经楼等。本尊为丈六药师如来佛像,周围是十
二神像。据说这是委托京城的"佛师云庆"制作的,为此,授予其金
百两以及山珍海味等许多实物俸禄。接下建造的嘉胜寺也是出于
基衡的许愿,在营造途中基衡去世,由秀衡继而完成的。

　　根据发掘调查,在毛越寺大泉池正面的建筑遗址中发现了自
此向东西侧延伸、南折的回廊,这表明寺院拥有翼廊,推定为圆隆
寺。而且,在其西侧也发现了规模略小,但同样具有翼廊的建筑遗
址,判断为嘉胜寺。这种形式以京都的法胜寺为先河,推定为其模
仿。对水池的周边地区也相继进行了调查,1984 年(昭和五十九

年）在圆隆寺金堂东侧与常行堂之间发现了流水遗址,从池岸到引水处附近铺有拳头大的白石,这跟现今铺白沙的庭园做法相差很大。相比京都遗址在后世遭受严重破坏,这里的遗址以几乎完整的形态被埋在了地下,作为平安时代的寺院、庭园遗址具有不可替代的价值。

毛越寺庭园的流水
在 1984 年发掘调查时发现。其巧妙地组合了积水和浅滩,池岸散见叠石,瀑布口也十分有趣。

实际的调查证明,平泉的建筑和庭园积极吸收了以京都为中心的文化,强有力的推手就是以雄厚的财力为后盾的奥州藤原氏家族。同一时期,在其他地方不见有这样的建筑,因此,可以看作是地方上权势阶层接受中央文化的一个典型例子。

第二章　中世

东大寺的烧毁与重建

中世的到来

1180 年（治承四年）12 月 26 日，平重衡率领数百骑兵从京城出发，于木津川大破前来迎战的兴福寺僧兵，挺进南都。28 日，攻占南都的平家军队火烧东大寺、兴福寺，给予倒向反平家势力的南都诸寺以毁灭性的打击。自奈良创建之后以宏大的伽蓝而闻名的两大寺，在一日之间化为灰烬。

平家火烧南都使南都的佛教势力遭受了沉重的打击。但未过多久便开始了重建，这作为中世建筑的第一步具有重要意义。尤其是东大寺的重建，运用了中国谱系的新样式和技术——大佛样（天竺样），与随禅宗传来的禅宗样一起，对之后的日本建筑产生了极其重要的影响。

俊乘房重源的出现

重建东大寺需要克服的难题不少，首先要重铸巨型大佛，重建供奉大佛的大佛殿。这除技术上的困难以外，东大寺的经济也远未能满足这一条件。

这时，俊乘房重源出现了。据说重源在火烧东大寺的翌年 1181 年（养和元年）8 月就接到重建化缘的朝廷诏书，旋即造了六辆独轮车，马不停蹄地巡游七道诸国化缘。为了筹措营造的资金，除接受特定檀越的施舍以外，还请求广大民众的喜舍。其结果，重铸大佛的化缘得到了民众的广泛响应，让人们有缘参加到这项事业中来。化缘从此也成为中世通常的资金筹措方法。

这一年重源六十一岁，在当时已是相当的高龄，而他登上历史舞台是这以后的事。以前的足迹鲜为人知，仅知道他曾止住醍醐寺。作为信奉净土教的僧侣，可以想象其周围有众多同行僧人和俗人信徒。若没有这样的组织，要从事如此规模的庞大事业，谈何容易！另一个是技术问题，据说重源本人曾三度渡宋，这是否属实自当别论，但他精通当时中国宋朝的建筑技术却是事实。而且，这以后他所发挥的超人作用也让人叹为观止。

大佛殿重建与大佛样

重建东大寺，首先是从重铸大佛开始。在最初铸造头部螺发的过程中，重源深感日本技术的局限性。在1183年（寿永二年），为重铸大佛录用了来自宋朝的中国人铸造工匠陈和卿一行九人。他们从破损的大佛修理着手，先修复了右手和头部，工程顺利，翌年就基本完工。1185年（文治元年）8月28日举行了大佛供养仪式，莅临现场的后白河法皇亲自执掌一尺有余的毛笔为大佛开光。

而大佛殿的重建在没有等到大佛重铸完工就开始了准备，1186年（文治二年），周防国被指定为东大寺营造材料供应地，由重源管理具体事务，从此开始了寻找巨木的艰难工作。重源亲自带领工匠下周防国，并深入山中伐木现场挑选木材。

1190年（建久元年）大佛殿上梁，但装修等工程完成、举行供养仪式要等到五年后的1195年（建久六年）的3月12日。

大佛殿的技术难题是如何保持坚固且快速地建造巨型建筑？首先整体结构必须坚固，其次如何防止檐口下垂这一传统建筑技术（和样）的最大缺陷。为此，他们作了大量的努力：将柱子一直延伸到屋顶底下，柱子和柱子之间采用贯通的穿枋连接；不用柱子的建筑中央部分，按照以前做法架设月梁（虹梁），重叠断面圆形的大材；斗拱采用插入柱中的多重插拱，以此支承深屋檐；四隅的椽子自内部呈扇状排列；部材的细部施以云形等装饰雕刻。以上是大概的样式特点，另外使用跟穿枋和插拱同样大小的断面材料，提高了大量部材取材作业的效率。

有观点认为这些特点跟当时宋朝福建地区的建筑技术存在相似的地方，从中可窥见重源积极吸收中国技术的一个侧面。虽说镰仓重建的大佛殿在室町时代末烧毁后不复存在，但这应该也跟重源参与的东大寺南大门、僧正堂、法华堂礼拜堂（以上建筑在东大寺境内）、净土寺净土堂等一样，存在相同的特点。每个具体建筑的接受方法想必是各取所用，而非是一种适应整体建筑的形式规范。

东大寺南大门

南大门于1199年（正治元年）上梁，是一座巨型建筑，让人感觉仿佛就是大佛殿的建筑技术。这是一种双重门形式，柱子一直延伸至上层屋顶下，下层屋顶仅架设在侧面。穿枋纵横地连接在柱子和柱子之间，自下往上看十分之壮观。根据近来的调查表明，较柱子上部的双重月梁，下面斗拱等的做工精度相当低劣。表明在作业时分有要求精度的部分和要求不高的部分，以追求作业的高效率。

东大寺南大门

　　于1199年（正治元年）上梁，因袭奈良时代的创建规模，是巨型大佛样建筑的唯一遗构。

东大寺南大门斗拱

　　插入柱内的拱呈七重重叠，支承深屋檐。斗拱间采用联拱连接，以免横向摇动。

东大寺南大门内部的穿枋和插拱

　　插拱插入柱内成为穿枋，并纵横连接。

净土寺净土堂

净土寺位于东大寺庄园播磨国大部庄（现今兵库县小野市）。重源为重建东大寺,在高野山、伊贺、周防等各地设分寺,借此集中净土教同行僧作为各种宗教和经济活动的据点,其中之一就是大部庄的净土寺。

近年,在净土寺净土堂本尊阿弥陀如来佛像胎内发现了墨书,从而确认了寺院的建造年代为建久九年(1195年)前后。

建筑平面为一间四面,是平安时代小规模佛室常用的形式,一间的尺寸为二十尺,比较大,堂内是个完整的空间,因而称得上方三间。中央一间见方的空间供奉阿弥陀三尊像,屋顶呈宝塔形。同样具有前述的大佛样的特点,但引人瞩目的是,在中央四根立柱上,架有三重断面呈圆形的粗大月梁。内部空间相对中央的阿弥陀如来佛而言,结构上形成向心力效果。

净土寺净土堂
建于1195年(建久九年)前后,直线型屋顶,屋檐、门(镶板门)、斗拱的做法完全不同于和样。

进入宽敞的内部空间,重源带领众多同行僧面朝阿弥陀佛诵经的情景历历在目。这种建筑结构在构成内部空间的同时,又是一种杰出的空间设计,此类例子实属罕见。

净土寺净土堂内部
三重梁以及支承梁的托架设计美观。

大佛样之后

重建东大寺时采用的大佛样技术,随着东大寺的重建事业临近结束,重源的去世而急遽衰退,可能是重源周边的技术工匠因为失去工作而四处离散的缘故。之后再也没有出现如此有力豪放的空间结构。但作为结构部件的穿枋、细部的云形雕刻等为传统的和样建筑所吸收,尤其是中世奈良的建筑。以此为契机,促使了镰仓时代中期以降和样建筑的种种进步,如新和样、折中样等。这些靠的全是充分咀嚼了大佛样技术的后代工匠们的努力。

中世都市——镰仓

镰仓的出现

公历 1180 年(治承四年),接受追讨平家命令的源赖朝,虽在石桥山败给了平家家臣大庭景亲等人的军队,但其在逃到安房后就在近国武士中招兵买马,结集兵士约三万人开进镰仓,镰仓也因此正式登上了历史舞台。此后,镰仓又在经历了镰仓时代后发展成为政治都市,即便在 1333 年(元弘三年)镰仓幕府灭亡后,也是室町幕府统治东国的据点镰仓府，直至被废除的十五世纪中期，镰仓都是众多武士和为他们服务的民众们的生活场所。

说起来，镰仓跟清和天皇分支之一的源氏关系密切，相传自赖朝上溯六代的赖义，1063 年（康平六年）在镰仓的由比建石清水八幡宫；赖朝的父亲义朝在 1145 年（天养二年）前后曾居住在镰仓的楯（宅邸）。从源氏建造守护神的八幡宫可以看出，镰仓是他们作为军事据点的重要场所。镰仓海拔不高，但周围为山峰环抱，而内侧土地平坦、开阔，地理条件优越，为天然之要塞。其地被选为东国的政治中心，可谓名副其实。

镰仓全景
周围的山峰、自鹤冈八幡宫向南延伸的若宫大路及以此为中心向外辐射的都市街区等，一目了然。（镰仓市都市规划科提供）

十五世纪以降，镰仓化为凋零的寒村，中世都市的痕迹被掩埋在了地下，不为人知。而且，进入近代后又被开发成为东京近郊的别墅地或住宅区，使得探求真相的可能越发渺茫。二战后，首先开始寺院遗址的发掘调查，近年来渐渐扩大到都市街区。因为是已开发地区，所以只能进行零星片断的调查，从御成小学校园发现的今小路西遗址为武士住宅遗址，而这些发现都是前所未有的。

都市的状况

赖朝在进驻镰仓后，旋即开始了营造都市的事业。先是将自家的宅邸选在大仓乡,接着将赖义建在由比的八幡宫迁移到小林乡北面山麓,即现今的鹤冈八幡宫之地。1180 年(治承四年)末,宅邸竣工并举行了迁徙仪式,所谓御家人的三百一十一人武士列席了仪式,据说这些武士都分别在镰仓设有旅馆。

鹤冈八幡宫模型
祭祀源氏的守护神,建筑群的大致布局根据天正年间(1575—1592)重建规划的"平面图"制作。(鹤冈八幡宫提供)

都市的规划首先从建造若宫大路开始,它以鹤冈八幡宫为起点,直通海岸。跟京都相同也使用丈尺测量、分割土地,据说这始于 1225 年(嘉禄元年),北条泰时在巡察若宫大路等时曾使用过丈尺。在这以后,便以划分后的土地为基准接连不断地建设住宅和设施。关于土地划分的具体状况,大三轮龙彦氏进行了推定:先以若宫大路为基准,棋盘状地纵横划分道路,构成大的区域。整个都市区域南北三百丈(约一公里)、东西一百七十五丈(若宫大路西侧百丈、东侧七十五丈),整个区域被分割成二十三个五十丈见方的正方形小区。

镰仓的都市制度中有户主制,据说一户主为五长×十丈(约一百四十坪)大小的面积,每个区域正好分成五十户主,十分合理。这种方法因袭了在京都实施的都市结构方法。一户主的面积在京都为庶民住宅的最小单位,而在镰仓一般武士的住宅也就这么大小,即分得的面积相当狭小。例外的大面积仅为将军的宅邸、幕府的政治设施。从镰仓末的例子来看,即便是北条氏正支的权势者也不过是八户主。虽称镰仓是武士之都，但并非单靠武士才成立的都市。商人以及各行各业的手工业者维持着都市人的生活，还有不少是提供劳动力的底层百姓。据石井进氏推测，最盛时期，除寺院僧侣以外还有七万至十万人生活在这里。人口密度相当之高，都市的繁荣景象可想而知。

另一方面，自都市街区周边至山麓创建了许多寺院、神社。如前所述，鹤冈八幡宫位于都市北端，成了都市规划的基准，八幡宫除设神职人员以外，还同时置别当①、供僧②等职位，从一开始就具有神佛共祭的性质。这里举行祈祷战斗胜利等的祭神仪式和佛教仪式，表演自京都移植而来的舞乐等，同时还是各种饗宴的场所。1191年（建久二年）火灾后重建时，本殿移至背面更高处，位置近似现状。

至于其他规模大的寺院，1184年（元历元年），赖朝首先为先父建造了胜长寿寺，接着为供养战死的灵魂设立了永福寺。据说是心仪璀璨的平泉文化，建造时模仿了中尊寺大长寿院二阶大堂。根据近年来的发掘，发现了以回廊环绕的三座佛堂以及前方宽广的苑池遗址，引发瞩目。禅宗方面，有寿福寺、建长寺等大规模的五山寺院，建造在整修后的山谷间；日莲、一遍等镰仓新佛教的祖师们为寻求布教场所，也都到访过此地。真言律宗与幕府交往密切，在此构建极乐寺，并参与了各种经济活动。

从遗址看都市住宅区

（一）将军宅邸

赖朝最初建造的大仓御所，宅地大致为正方形，南面掘池，建筑物以寝殿和对屋为中心，布局有西钓殿、东侍所、西侍所、大御所、小御所、御佛堂，还设有马场。较京都贵族宅邸的寝殿造，出现了新的倾向，即减少了对屋，增建了"御所"的建筑。但基本上借用了贵族和院的宅邸形式，仅限于对部分设施进行了改建，如侍所等。这理所当然，因为在镰仓时代初期武士阶层尚未有能力创造新的建筑文化。

---

① 原为在东大寺、兴福寺、四天王寺等大寺，身居要职总管寺务的僧人，后也指在神社附属的寺院中管理总务的僧人——译者注。

② 原为寺院中侍奉佛像的僧人，后也指在神社中负责这方面事务的僧人——译者注。

御成小学校园中的武士住宅遗址
发现两座大规模武士住宅和周边的庶民住宅。（镰仓市教育委员会提供）

（二）武士住宅

如前所述，现今镰仓的中心街区商店、住宅鳞次栉比，基本无法知晓武士住宅的形态。但在 1984 年（昭和五十九年）至翌年通过对御成小学校园的发掘调查，发现了两处镰仓时代末期的大规模武士住宅遗址，取得了重大成果。从北区发现有大小十座建筑遗址，其中七座置有基石，两座为挖坑立柱形式。特别需指出的是，从水沟和水井中发现了许多来自中国的最高级的青瓷，而且整体未见生活痕迹，因此很有可能是跟权力中枢北条得宗家有关的人物的家或是得宗家的别墅，而并非一般武士的住宅。南侧用地东西、南北均约六十米，在镰仓属非常规模的住宅。中心建筑柱与柱之间七尺，南北五间、东西四间，置有基石，其东侧为宽广的前庭。背面还有数座小规模的建筑。从占地的规模可以推测，此处主人并非时常去镰仓出仕的御家人，而是常驻镰仓、参与政治并有权有势"有头衔"的武士宅邸。

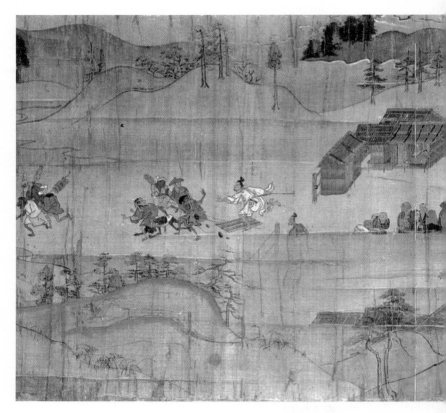

一遍上人画传

画的是 1282 年（弘安五年）一遍一行想入镰仓而被挡回去的场面，是了解当时町家和庶民住宅不可多得的史料。（清净光寺、欢喜光寺藏）

（三）庶民住宅

在零星的发掘调查中，庶民的住宅时有发现。在今小路西遗址也发现了数座，多为其他地方通常有的挖坑立柱式小型住宅，但有个别特殊形式的建筑引人瞩目。这些住宅为矩形，挖坑后在底下置井字形木框（地梁），再在上面立柱。因此，称这种形式为"方形竖穴"建筑遗址。是庶民住宅还是仓库类建筑物，尚难以定论。通常而言庶民住宅临街而建，而武士住宅位置比较靠里。

对都市镰仓的调查和研究还仅仅是迈出了第一步，我们期待着今后有更多新的发现和研究成果的问世。

中世本堂的成立

地方的时代

  前面分数次介绍了平安时代的建筑,但这些建筑主要以京都为舞台,而且施主都是天皇、院或有权势的贵族们,他们不惜财力建造了庞大的建筑群。寺院座座拥有壮观的伽蓝,每座建筑都施以华丽的装饰,作为工艺性建筑可谓达到了极致。

  另一方面,主要以中小寺院为舞台,在接下的中世成为主流的、带有礼堂的建筑经过不断的改进业已成熟。平安时代终结时,政治权力为武士所替代。而且,承久之乱(1221年)后京都的贵族政权也失去了经济实力,再没有能力建造从前那样的建筑。作为新的施主，武士登上了历史舞台。他们在镰仓创建多座大规模禅宗寺院的同时，也凭借所掌握的地方实权，在各地寺院中建立了不少新形式的建筑。在中世打造优秀建筑的风潮霎时席卷全国，多数中世寺院属天台、真言两宗，中世可谓密教的时代（净土真宗、日莲宗等新宗教建筑的普及还要等到室町后期）。其中心建筑——所谓中世密教本堂，这里称之为中世本堂——都采用具备礼堂的新形式。

礼堂的出现

前面详细述说了大规模寺院建筑的情况，那稍小规模的建筑又是怎样一种状况呢？暂且回到奈良时代作一回顾。奈良时代的大寺院有金堂、讲堂，以回廊环绕这些建筑，还有东西两塔、食堂、僧房等。但同时也建有不少小型寺院，它们不拥有金堂、讲堂这样的大建筑，充其量只有作为寺中心的佛堂加上数座附属建筑而已。规模上跟大寺院周边的子院差不多。但引人瞩目的是常常会在佛堂前面设有"礼堂"。

这种佛堂前面设置建筑的形式，好像是一种广泛得到运用的方法。例如，法隆寺在寺务所前建有细殿，兴福寺也在食堂前有相同的建筑。古代建筑梁的长度有限，进深大的建筑不易建造，为此在其前面另置同样面阔的建筑来解决这个问题。这种在建造方法上两栋建筑前后排列的称之为"双堂"。

披屋礼堂的诞生

继这种建筑形式之后，在平安时代初期，还应运而生地出现了在佛堂前加盖披屋当作礼堂的"披屋礼堂"。这是因为有如下需求：即通过在建筑物前增加披屋，使得前方更宽敞。这种方法早在奈良时代就在住宅建筑上使用，但采用在佛堂上好像始于此时。住宅的屋顶多为双坡顶，前面加盖披屋十分自然。但佛堂屋顶通常是歇山顶或四坡顶，加盖同样宽度的披屋的话，檐口会稍稍变形，必须想方设法才能解决这个问题。明知有困难，还是将这种手法运用到了佛堂建造上，前提是需要某种建筑意识的转变，但究竟是什么目前尚不得而知。但在这之后,较从前的双堂,这种方法在披屋礼堂中使用得更多。在古文献中,这常常以"小披屋"等词语来表现。

这种建筑在平安时代约四百年间,克服了多种技术难题,直至镰仓时代才成为完整的建筑样式,并以中世寺院本堂的建筑形式问世。中世本堂的内部由供佛内殿和礼堂组成,在集约复合功能的同时,设计上也极其优秀。

当麻寺曼荼罗堂

完整体现这种中世本堂建筑成立过程的是当麻寺的曼荼罗堂。当麻寺是古来就有的寺院,作为传承净土曼荼罗典型的当麻曼荼罗的寺院享有盛誉。就建筑史而言,供奉曼荼罗的曼荼罗堂(本堂)对了解中世的本堂建筑是不可或缺的重要建筑。

在1957年(昭和三十二年)至1960年,曾对建筑进行全面的落架大修,获得了多项重大发现。现存的建筑完成于室町时代,其中循环使用了许多古旧部件,因此,可以从中获取自奈良时代末期创建以来历次大修理时的丰富信息。通过这些信息,从复原的角度考察弄清了它有四次的演变过程:① 创建时期;② 平安初期的第一次改建;③ 平安时代末期的第二次改建;④ 其后的部分改建。自奈良时代创建以来改建过程能如此清晰的建筑实属罕见,而且它还详细地告诉了我们这一建筑从古代走向中世的发展轨迹,这确实是一个令人震惊和兴奋的成果。

如图所示,创建时建筑为古时的平面,到平安时代初期前面增设了披屋礼堂。在平安时代末期,经过十二世纪中期的大改建,礼堂和供佛内殿以一排列柱划分境界,其中镶嵌镂空格栅,而整个建筑以一排披屋围绕。据说覆盖整个建筑的房顶就建于此时。在古代,在椽子上置板后盖瓦等,而自平安时代中期起,屋顶变为双重,屋顶和平面分开独立,建造变得更为自由,这与技术的进步大有关系。于是,在一个建筑内部拥有了两个不同性质的空间,它完成于十二世纪中期。

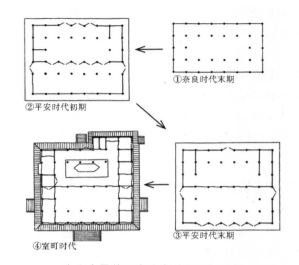

当麻寺曼荼罗堂演变过程（平面图）
古时的平面带有"披屋礼堂"，后礼堂部分经过改建形成了中世的平面。

①奈良时代末期
②平安时代初期
③平安时代末期
④室町时代

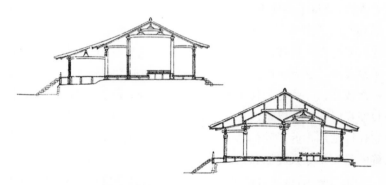

最初的改建是将房顶向前方延伸，形成"披屋礼堂"（左上图），后经过平安末期的改建，采用一个大屋顶覆盖平面复杂的整个建筑（右下图）。

大报恩寺本堂与长寿寺本堂

当麻寺曼荼罗堂成熟的中世本堂形式，还要待数十年后方能在其他建筑中看到。位于京都市上京区的大报恩寺本堂（千本释迦堂）就是这些建筑群中最早的遗构，于1227年（安贞元年）上梁。从建筑平面看，方一间的中心部围以披屋的一间四面为供佛内殿，前方围以面阔三间、进深一间的小披屋，其周围再围以一间宽度的披屋。一间四面的规模在平安时代的小型佛堂十分常见，以此为中心围以小披屋扩展前方，使之完备。从中可以清楚看出新建筑形式产生过程的痕迹。供佛内殿的前方有小披屋和围绕其外侧的披屋，进深二间，其间架设大月梁省去两根柱子，营造出具有一体感的礼堂空间。双坡屋顶，茸盖柏树皮。外观的最大特点是屋檐上的斗拱为简朴的出一跳，而在平安京寺院的中心建筑中，也有使用高级的出三跳等斗拱结构的，但在中世本堂建筑没见使用。

大报恩寺本堂

昵称为千本释迦堂，建于镰仓时代初期（1227 年上梁）。中世本堂初期的代表作，作为京都最古老的建筑，十分珍贵。

另一处是位于滋贺县石部町的长寿寺本堂，其为镰仓时代前期的建筑。寺院整体基本上为正方形平面，面阔、进深各五间。但内部由前面二间的礼堂，后面二间的供佛内殿及其背后的后殿组成。抬头望顶棚，礼堂沿中央横向架脊檩，为五间×二间的四坡顶建筑；而供佛内殿为五间×二间的歇山顶建筑。这本是两栋不同的建筑，现在用一个屋顶将它们盖在了一起，其痕迹在顶棚上就表现了出来。但内殿和礼堂相连，用镂空格栅分隔，并用一个屋顶覆盖。这点跟当麻寺曼荼罗堂、大报恩寺本堂在结构上是相同的。

中世在各地相继建造了多座这种形式的本堂建筑。自镰仓时代中期起，随着大佛样、禅宗样新技术的传入，呈现出丰富多彩的局面。

长寿寺本堂
建于镰仓时代初期，中世本堂初期的代表作，屋顶曲线委婉、舒展。

禅宗寺院与禅宗样

荣西与道元

说到始于镰仓时代的新宗教，就会想到法然的净土宗、亲鸾的净土真宗、一遍的时宗、日莲的法华宗等。的确，这些新宗教基于各自祖师的宗教理念及其实践，与以往的佛教诀别，开拓了新世界。但遗憾的是，它们在中世前期的影响力过小，当时的日本依旧是天台、真言两密教的天下，在奈良旧佛教的势力还相当强大。

但在这里，必须说说镰仓新佛教之一的禅宗。它是由出自天台宗的荣西和道元两位祖师开创的新宗派，不同于其他的新佛教，自镰仓时代以降一直保持着其巨大的影响力。尤其是荣西的临济宗接受京城贵族、镰仓武士双方的皈依和庇护，建造了大规模寺院，并在以后的宗教、政治、文化方面发挥了主导性的作用。

荣西(1141—1215)最初在比睿山学习天台宗，渡宋后接受临济宗教诲，为日本带回了新的禅宗。1194 年(建久五年)遭遇对禅宗的迫害，但四年后著《兴禅护国论》主张繁荣禅宗。1200 年(正治二年)受源赖朝妻子北条政子的邀请，成为镰仓寿福寺的开山，两年后接受第二代将军赖家的捐地,在京都开建仁寺,造天台、密教、禅宗兼修道场。荣西在镰仓的宗教活动,主要是作为密教僧的作用,目的是祈祷,至于对禅宗有多少理解尚不确定。而京城的建仁寺在创建初期经济实力不强,仅仅建有僧堂、重阁讲堂、真言院、止观院(本尊丈六阿弥陀佛)等。从建筑群的构成来看,可窥见诸宗派兼修的样子。

　　荣西在渡宋学习期间,似乎也关注寺院的营造,并将新的建筑样式和技术带回日本。荣西开创的寺院屡遭火灾,当初的建筑荡然无存。但重源去世后,由荣西担任东大寺大劝进,他曾参与当时竣工的东大寺钟楼的建造。为了垂吊沉重的梵钟,需要特殊的建筑结构。粗看钟楼接近重源的大佛样,但在细部上两者存在相当的差异,而且也不同于之后的禅宗样,从中可看出其独特的手法。但这种技术未能形成组织化、体系化在日本扎根并普及,也没有对以后的建筑产生过影响。

东大寺钟楼

重源去世后,由荣西担任东大寺大劝进建造了东大寺钟楼,其所使用的手法不同于大佛样。

　　道元(1200—1253)出自荣西门下,1223年(贞应二年)赴宋,学习曹洞宗后回国。之后在洛南深草建兴圣寺作为修禅道场,1244

年(宽元二年)为避俗尘移居越前的大佛寺(后改永平寺),一心修禅。道元作为宗教家对后世的影响非常之大,但在建筑的世界似乎找不到他的足迹。他所宣扬的思想是彻底的脱俗,这跟建造华丽伽蓝的世俗做法格格不入。

东福寺的创建

继京城的禅宗寺院建仁寺之后,当时最有势力的贵族藤原道家许愿建造了东福寺。东福寺创建于 1236 年(嘉祯二年),三年后佛殿上梁。1243 年(宽元元年),委任曾在中国学习禅宗的圆尔辨圆住持东福寺,寺院的性质因此发生了大的变化。即,原先显密兼学的寺院,加上禅宗成为三宗兼学的道场。在圆尔的指导下,伽蓝除佛殿以外,增加二层楼门、法堂、僧堂、众寮等,形成了禅宗特有的建筑群,从建筑物也能看出向重视禅宗的寺院转换的轨迹。当然,也完备了天台宗谱系的建筑以及真言堂等,显密兼学的性质依然浓重。

东福寺三门
十五世纪初期的重建建筑,但可窥见大佛寺谱系的架构法。

在东福寺引人瞩目的是,使用了俊乘房重源所用过的大佛样谱系的技术。最初建造佛殿的木工是物部为国,而一字之差的工匠物部为里,在火烧南都后曾活跃于东大寺的重建事业。这让人联想为国和为里有否血缘或师徒关系。因此,有人指出,作为巨大建筑的佛殿建造很有可能使用了大佛样谱系的技术。东福寺创建时的建筑毁于 1319 年(元应元年),现存的三门为十五世纪初期的重建,整体架构采用大佛样手法,并巧妙地添加了禅宗样的技法。重建当时,纯粹的禅宗样已经流行,而执意使用大佛样谱系的技术,应该存在某种特殊的理由。或许是原先的建筑使用了大佛样,重建时因袭了当初的形式。

建长寺的创建

建长寺为镰仓正宗的禅宗寺院,1248 年(保治二年)邀宋高僧兰溪道隆创建。中心建筑的佛殿于 1251 年(建长三年)开始营造,两年后竣工。以往的禅宗(临济宗)寺院是在日本僧人的指导下经营,且密教、天台宗兼学。而建长寺在宋高僧指挥下运营,为纯粹的禅宗专修寺院。现存的《建长寺指图》描绘镰仓时代建长寺伽蓝的整体形象,让我们可窥见其大概。开凿狭窄山谷,修成后高前低的缓坡地,自谷口沿中轴线排列三门、佛殿(相当于金堂)、法堂(相当于讲堂),以回廊环绕,其两侧面对面地设置僧堂(用于寝食和坐禅)、库院(相当于寺务所和库里),众寮、役者寮在寺院背面,最里面是住持起居的方丈室。

有关中国禅宗的教育、学问、仪式、生活规范等恐怕都是直接从中国输入的,而伽蓝形式是最为完备的,是为实现以上目的而服务的。建筑的营造技术想必也是从中国直接传入的。

塔头的增加与伽蓝

其后,禅宗寺院的数量与日俱增,但单凭这些还不能理解现今禅宗寺院的形象。这是因为,年长日久之后在中心伽蓝的周围出现了许多小寺院——塔头,这使禅宗寺院的形象发生了变异。尤其是京都大德寺和妙心寺等,塔头群中见有不少佛殿、三门等,换言之,塔头倒成了寺院主体。

本来塔头是祭祀禅宗寺院住持塔所(墓)的设施,也是退休的住持隐居的地方。两者合为一体由门徒继承,于是产生了日本的塔头。还有一些是有权势的大名或商人的菩提寺,他们曾在寺院经济危机时帮助过寺院。还有人捐庄园给塔头,于是便在庄园建起了分寺,跟塔头产生了隶属关系。时过不久,门徒的修行也改在塔头内部进行,本来的僧堂失去功能,总寺院徒有虚名,化为仅举行仪式的场所。这便是现今的禅宗寺院的实情。

塔头由开山堂、方丈和库里等组成。开山堂多为高僧墓和前方礼堂的组合,方丈是住宅建筑,外侧为举行仪式的开放式房间,里面是住持的寝室和内客厅。室町时代的方丈装饰有障壁画,有不少珍贵的建筑。库里兼有寺务所和厨房的功能,同时也是门生的生活场所。

禅宗样的建筑

京都、镰仓五山级禅宗伽蓝的中心建筑——佛殿都是方五间附外檐形式的大规模建筑。这些建筑现今都不复存在,但幸运的是发现了圆觉寺佛殿(镰仓市)1573 年(天正元年)的重建规划图,可知晓其大概。较其小一圈的方三间禅宗样佛殿在日本各地还有残存,圆觉寺舍利殿、正福寺佛殿(东京都)为其中典型,显示了禅宗样最为完备的十五世纪初期的形态。

圆觉寺佛殿模型
根据十六世纪圆觉寺佛殿重建规划图复原,为知晓五山级大规模佛殿形象的唯一例子。(神奈川县立历史博物馆藏)

禅宗样在技术上的特点是：同大佛样一样，柱子上开洞，柱子间以穿枋紧密连接，将骨架部分固定牢；使用天秤形式的中国式斗拱；柱子间也放置斗拱，屋檐下布满斗拱；各部分构件施以各种形状的线脚；细部施以装饰等。内部空间特点是：看得见顶棚上的椽子；仅在中央部分铺板（镶板顶棚）；地面不铺板，泥地房间；不设分隔房间的道具等。中国的主流建筑样式传来日本后，经改造、洗练形成了具有以上特点的建筑样式。

中国建筑的斗拱
基于宋代建筑工程书《营造法式》制作的模型，使用小型斗、拱制作的小型斗拱，特点是都施以线脚。
（引自潘德华著《斗拱》，东南大学出版社）

善福寺释迦堂（和歌山县）**的斗拱**
十四世纪的禅宗样建筑，特点是斗拱、飞昂前面的线脚等。

在镰仓、京都建造了以五山为主的大规模禅宗寺院,而地方上也纷纷仿效创建了许多中小规模的禅宗寺院。随着禅宗寺院的普及,禅宗样这种建筑技术也传播到全国。在镰仓时代后期,就已出现在和样中巧妙融入禅宗样的特异建筑(如松生院本堂、1295年、战火中烧毁;镀阿寺本堂、1295年);到了室町时代,地方上已充分消化了禅宗样,它跟和样一起作为通常的建筑样式在日本扎下了根。

奈良的中世建筑

开头的话

在思考奈良的中世建筑时,让人最感兴趣的是"大佛样",它是在平氏火烧南都后,东大寺重建时采用的中国的新建筑技术。大佛样的技术和设计跟日本传统的和样比较,性质上存在很大不同,刚采用时应该遇到很大的抵触。但经过一代或二代人,熟悉日本传统技术的工匠也开始有效地吸收这种技术。大佛样在结构上有不少优点,设计上也新奇豪放。从结果看,吸收大佛样成为一种强大的冲击力,促使在奈良诞生了新的中世建筑世界。

可以说中世建筑的最大特点是,随着技术的进步,建筑结构更为坚固,设计的自由度也变得更大。这样,从中国传来的大佛样、禅宗样这些新技术就得以发挥更大的作用。

在京都,由于后来的战乱,镰仓时代的建筑几乎不复存在。但在奈良,现存的还有不少。据此,我们可以在很大程度上弄清中世建筑的新动向。

奈良的复兴

在平氏火烧南都时,兴福寺和东大寺遭受到毁灭性的打击,又都在困难中开始了重建事业。如前所述,东大寺在俊乘房重源的指挥下,采用从中国传来的新样式大佛样完成了重建。而兴福寺原为平安时代第一家族藤原氏的宗庙,与东大寺相比,其重建事业十分顺利。寺院被毁的翌年就已着手调查灾害状况,没过多久就开始了重建。金堂、回廊、经藏、钟楼等中心建筑,使用朝廷向各地摊派建设费用的所谓"公家沙汰"形式筹资重建;而讲堂、南圆堂、南大门的重建则采用由藤原氏的氏族长者分担资金的"氏长者沙汰"形式解决;食堂等的重建采用兴福寺自行解决资金的"寺家沙汰"形式。讲堂、食堂、西金堂、东金堂至1184年(元历元年)全部完成,最迟的中金堂也于1195年(建久六年)竣工。当然,这之后重建事业还在继续,到十三世纪中期,五重塔、北圆堂、僧房、春日东西塔也都完成。

重建事业的最大特点是京都和兴福寺工匠的共同参与。来自京都的工匠参与了"公家沙汰"的中金堂、"氏长者沙汰"的讲堂等的重建,而食堂等建筑由奈良的工匠负责建造,工匠们在建筑现场进行了充分的交流,至少在兴福寺积累了当时最为先进的技术。

之后,在中世的奈良各寺院开始了重振佛教的大规模活动,也可称为旧佛教的重生。寺院法会频繁,建筑修造不断,古典建筑叠加中世的造型。即便是恪守古来建筑陈规的法隆寺,也从中世初期起开始举行与圣德太子信仰相关的法会,改造原来的僧房,新修圣灵院、三经院。又在破损严重的东院,对梦殿等建筑进行了大修。元兴寺将古来的僧房改建成本堂和僧房;唐招提寺新兴了舍利信仰,创建了鼓楼(舍利殿);药师寺重建了东院堂。这些建筑的多数由大本营为东大寺和兴福寺的工匠参与建造,可以说运用的是中世初期积累而来的新技术。古来建筑与中世建筑宛如栉比的两座建筑,相辅相成。

大佛样的影响、技法的自由化

大佛样对和样的影响,首先可以从兴福寺北圆堂的建筑看出。一方面,在重建东大寺中,采用了大佛样这种革新技术,另一方面,近在咫尺的兴福寺同时期也在进行着重建事业,但采用的尽是传统的和样。不过,兴福寺的工匠似乎也认识到了穿枋这种连接柱与柱之间构件在结构上的优点。北圆堂(1210年前后)在和样建筑中第一次使用了穿枋,表面覆盖上夹板条,使之看不见。这是种有限使用穿枋的手法,即在保持和样设计的同时,为强化结构吸收了新技术。这一方法之后固定成了和样建筑的一种方法。但大佛样的另一个重要特点、即完全不同于旧式建筑的设计风格，好像没能引发强烈冲击。

唐招提寺的鼓楼（舍利殿）为其代表性建筑之一。1240 年（仁治元年）建造，柱顶部突出大佛样谱系的云形梁头，其上层紧紧挨着的斗拱之间不是分别独立的，附在壁上的拱由一根构件连接着它们。难以想象这种设计出自和样，这体现了新工匠的创作欲望。邻接的金堂具有奈良时代追求宏大的设计风格，而鼓楼可以说是最早受到大佛样影响的和样谱系设计的佳作，充满紧张感。

般若寺楼门位于东大寺北方、奈良坂的半山腰，从中也可看出其革新的探索。楼门建于文永年间（1264—1275）的复兴时期，面阔一间，独特的是上层的斗拱和架构形式。斗拱为简单形式的出一踩，驼峰、拱上见有大佛样谱系的雕刻饰纹，两层重叠。上层斗拱不朝内部收紧，板三层重叠，仅在外侧装饰。原本斗拱承担的是重要的结构作用，即将屋顶的前端挑起。但这里仅在外侧看得见的地方设置斗拱，实质性的结构支承却在别处，如此大胆的建筑仅此一处。

元兴寺本堂
建于 1244 年（宽永二年），改造古代的僧堂为佛堂，受到大佛样的强烈影响。

唐招提寺鼓楼（舍利殿）

建于 1240 年（仁治元年），内部供奉舍利。积极吸收大佛样的早期例子，整体的紧张感充分体现了镰仓时代的气氛。

兴福寺北圆堂

建于 1210 年前后，作为镰仓时代的重建建筑，现仅存本堂和三重塔，在古代风格的意匠中隐藏着新样式的结构技法。

这些建筑的出现意味着结构和设计的分离，各自可以自由发挥。工匠们可以游离结构进行新的冒险，当然，若建筑物倒塌自当别论。

技术向地方传播

进入镰仓时代后期，奈良所见的新样式的影响，在畿内、濑户内、关东地区也能看到。禅宗样似乎没能进入奈良，但其他地方都受到大佛样、禅宗样双重的影响，而接连不断地出现了巧妙吸收这些新样式的建筑。还有若干奈良工匠出差地方帮助营造的例子，从而使在奈良积累的技术传播到了各地。下面举几例这方面的例子。

大善寺地处甲府盆地东端的胜沼，于1291年（正应四年）前后建造了本堂。如"中世本堂的成立"中所言，中世的本堂形式是礼堂和供佛内殿盖在同栋屋顶下。大善寺本堂亦然，面阔、进深均五间，正方形平面。首先，从外部看，柱顶上阑枋（头贯，架在柱顶上的横档）穿过方柱形成梁头，其形状如大佛样的特有云形状。堂内细部中所用斗拱雕刻成特殊的形状，这一技术单凭大佛样解释不清，同时应该还有来自禅宗样的影响。其次，参拜用外殿的顶棚镶嵌有木板（镶板顶棚），这也是禅宗样的影响。可见是在接受大佛样影响的同时，吸收了禅宗中心镰仓的禅宗样。

大善寺本堂全景
建于1291年前后，中世本堂建筑受到大佛样、禅宗样双重的影响，外观简朴，内部结构巧妙、精炼。

大善寺本堂外殿斗拱
二重组成的拱、拱的花样雕刻等极具特色,镶板顶棚在中世本堂也极为珍贵。

接受禅宗样影响大的还有松生院本堂(和歌山市,1295 年,战火中烧毁)、鑁阿寺本堂(足利市,1295 年)等,而接受大佛样影响大的有太山寺本堂(松山市,1305 年)、净土寺本堂(尾道市,1327 年)等。这些建筑共同的特点是,作为中世本堂,在保持基本建筑平面形式的基础上,架构和细部具有自由的设计结构,充分地显示了从传统的和样中解放出来的工匠们的创作欲望。

寝殿造的蜕变与庶民住宅

寝殿造的蜕变

进入镰仓时代后,京都贵族的权势更为衰退。承久之乱(1221年)以后鸟羽上皇的贵族政权失败告终,其多数庄园为镰仓政权所没收,经济上变得十分贫乏。

寝殿造这种作为盛大仪式会场的大规模贵族住宅,其营造一直持续到平安时代后期,在这以后已不见新的营造,已有的即便遭受火灾、风灾的破坏,也没有能力修复。何况平安时代末期的贵族们也不像以前那样热衷建造大规模的寝殿造。作为实际居住的住宅,这时的人们更偏好实用、小型的住宅,这给住宅带来了新变化。

以前每逢盛大仪式,需重新装饰室内,而现在固定分割好若干个房间,使之成为更适合居住的住宅。这一新方向在整个中世不断深化,终于在室町时代中期,成就了书院造这种住宅形式。

曾经的寝殿造在方一町(约 120 米)见方区域里,布局以寝殿为中心、左右对称结构的建筑群以及附带大池的前庭。但十二世纪中期以后,形态上发生很大的变化。例如,保元之乱(1156 年)的当事人即著名的藤原赖长(1120—1156),他既是藤原氏族的代表人物,又是当时最有权势的贵族之一,其主要住宅的宇治小松殿,仅有寝殿、二栋廊、中门廊,没有对屋、对代廊,较从前规模上小了许多。小松殿住宅由其父忠实创建,送给了赖长。当然,赖长还拥有东三条殿等大规模住宅,但这些都是仪式专用的建筑,日常起居大多使用实用的小型建筑。

这一倾向在进入镰仓时代后越发明显。

新形式的住宅

镰仓时代的贵族住宅中,有若干处情况已经弄清。其中有左大臣鹰司兼忠(1262—1301)的住宅,根据其 1288 年(正应元年)就任内大臣时的仪式——大飨的古图纸复原了近卫殿。面向室町小路的住宅保持着寝殿造的传统,开中门并设有随从房间、车夫房间、侍廊等,但在寝殿的中心部分,失去了对屋、对代廊等,仅有二栋廊。东侧仅见小型廊和墙,围绕南庭的手法因袭了古代形式。

这种建筑可称之为寝殿造的省略形式,保留了原来建筑群中必不可少的设施,有了这些设施,贵族社会特有的仪式被勉强维持了下来。但是,如此之少的建筑要想承当全部过去由不同建筑分担的功能谈何容易,不得已只能将寝殿内部大致分割成南北两部分,前面部分为举行仪式等的公开场所,而后面却是日常生活的部分,当中采用分隔道具分割。

在这点上,爱宕房寝殿(镰仓时代后期)十分有趣。其为天台宗在京都的活动据点,是称之里房的寺院住宅建筑。公卿座、中门廊自中心部向外突出,其结构原则上跟近卫殿相同。因此,可以肯定这是住宅的基本结构,同时要注意寝殿内部被分割成若干个房间,背后有突出部。换言之,通过使用道具明确分割成日常生活的

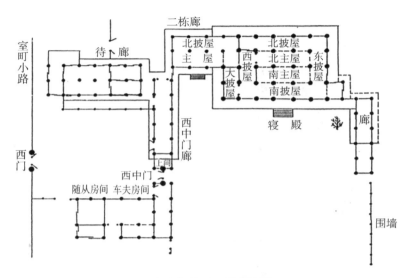

镰仓中期的近卫殿复原图

左大臣鹰司兼忠住宅图,从中可窥见镰仓小型贵族住宅的形态。(引自太田静六氏复原图)

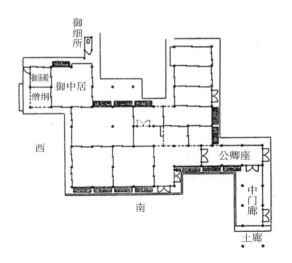

镰仓后期的爱宕房寝殿平面图

设有中门廊和公卿座,寝殿内部被分割成若干个房间。根据《门叶记》所载图纸为 1295 年(永仁三年)。(引自太田博太郎氏复原图)

房间和举行仪式的房间。这样一来，应该说该建筑已不是原来寝殿造的简略，而是一种新的住宅形式。

都市庶民的住宅

接下看看庶民住宅是怎样一种形式？最具参考价值的是描绘十二世纪京都的《年中节庆画卷》，其中出现了好几处町的场景。在描写祇园御灵会的场景中，连续出现了若干既像小型住宅又像商店的建筑，让人联想到都市的热闹。一间间面阔三间、进深四间的住家，它们之间都不相互独立，而是跟邻居共用柱子，即所谓的长屋形式。各自右侧为入口，直至泥地房间。左侧二间地上铺板，开窗，竹编墙，茸板屋顶，做工不太考究。

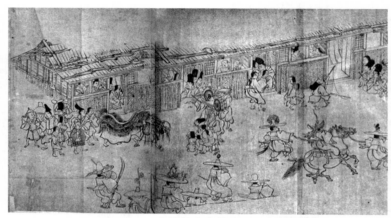

京都的庶民住宅
面向大路、长屋形式的庶民住宅，同样的住宅连在一起，可以想象是町家的原型。（引自《年中节庆画卷》，私人收藏）

京都这样的都市本来就有规定，面朝街道的建筑地界以夯土墙为界。因此，这些小住宅面向街道本身就违反原则，是一种新的重要的变化。据野口彻氏观点，自平安时代中期起，夯土墙开始消亡，一些进深浅的建筑取而代之。这便是《年中节庆画卷》所见的建筑，起到了看台的作用，便于人们观看街上所表演的各种各样的节目。后来这种建筑得到整治，演变成为町家形式的都市建筑。都市中庶民的建筑还有其他不同形态，它们都是京都室町时代以降成熟的町家形式的原型。

农村的武士住宅

对都市的建筑形态,我们有了某种程度的了解,但对地方农村的形态基本不知晓。就这个意义上而言,十四世纪初期制作的《法然上人画卷》中所描绘的地方武士住宅形象弥足珍贵。画卷描写的是法然出生地——美作国押领使漆间时国的住宅,体现了镰仓时代末期的房屋样子。

在山间,地方武士的住宅一角采用竹编墙分割,中央建主屋,面阔五间、进深三间,屋顶茸草,周围披屋部分茸板,另开带卷棚式博风的山墙中门,周围见有马厩等附属建筑。从建筑规模小、茸顶材料可以看出完全不同于都市的地方特色,其中引人瞩目的还是中门,贵族住宅形式的一部分居然普及到了农村。统治地方的武士住宅,已知的还有其他几处,大小相差无几,围以篱笆或围以沟,布局上都以主屋为中心,加之若干座房子。

最后简单提及一下地方农民的住宅。因为没有供判断的实际建筑,但可以想象是些相当原始的住居,基本上等同于竖穴住宅。其中,多数是挖坑立柱,屋顶离开地面不远,不铺板的泥地房间。这种农村建筑的有限进步还是进入室町时代以后的事。

从画卷看镰仓武士的住宅

中世的住宅样式

寝殿造和书院造是日本住宅史上的两大样式。如前所述,寝殿造就是平安贵族的宅邸,在以夯土墙围绕的标准四十丈(约120米)见方的宅地区域内,以主屋寝殿为主,配以回廊或渡殿连接东西侧的对屋,自东西对屋设中门廊延伸至筑池叠山的南侧庭园。寝殿、对屋的外侧使用密椋上悬窗、木板双开门等分割里外,内部除"涂笼"这种用厚壁分隔的全封闭起居室以外,是个开放式空间,没有任何门窗板壁;可根据仪式等用房需要,采用竹帘、屏风、几帐、冲立、榻榻米、圆座、座席、搁板等家什作为室内装饰。

而书院造则是江户时代武士的宅邸,在围以土墙的宅地一侧开门,玄关即主屋的正式出入口。以主屋为主的数座建筑形成组合

地方武士住宅

在了解武士住宅的结构的同时，中门廊的存在体现了贵族住宅的影响。（引自《法然上人画卷》，知恩院藏）

布局，建筑内部地面铺榻榻米，顶棚镶板，以糊纸拉门、采光拉窗分隔房间。完全分离招待客人的公开场所和厨房以及日常生活的内部场所，公开场所的中心通过檐廊面对种植花卉树木的庭园，主室是布置有凸间、高低搁板等客厅装饰的所谓"座敷（客厅）"。换言之，所谓和风住宅的基根就是书院造。以凸间和榻榻米房间为象征的和风生活方式，实际上是跟书院造同时诞生的，最终普及到了日本全国。

古代有寝殿造，近世有书院造，但在中世没有一种统一的住宅样式。即便同属中世，镰仓、南北朝、室町，时代不同，住宅各异；而贵族、僧侣、武士、工商业者以及农民等庶民，属不同阶层，不知以何种阶层的住宅为标准合适？因此，不能简单地下结论说：它处于寝殿造至书院造的过渡期。的确，古代的寝殿造渐渐发生变化，最终导致近世书院造的成立。这是因为隐藏着日本住宅的存在价值这条主线，它不仅贯穿在整个中世建筑的分解、转变、重组的过程中，而且还影响到了现代的住宅。鉴于中世社会的复杂性，这一过程并非单纯，我们不仅需要考虑社会背景因素，而且还要思考建筑生产技术的发展等种种因素。不过，在中世武士的势力日益增强，

他们的住宅自然十分重要,这点不会有错。

从中世都市镰仓的考古发掘看武士住宅

对于中世武士的住宅,我们知之甚少。一则没有实际的建筑遗构,二则不像贵族住宅那样能留下相关的文献资料,因此,要想弄清其住宅的具体形状,唯一的线索就是通过考古发掘寻找残留在地面上的住宅遗迹,或依据画卷等描写的住宅形象去想象。

在东国武士根据地的镰仓,如前所述(参阅"中世都市——镰仓"),尽管遗址位于市街各处,而且仅实施了部分的发掘,但武士住宅的诸多事实已逐渐明朗。尤其是通过对御成小学校园的发掘调查,弄清了镰仓末期武士住宅的真相,宅地以土垒墙(夯土墙)或板墙围绕,设门,内部也有板墙和水沟,还有某种程度的前庭。建筑物包括主屋、仓库以及各种附属设施。从日常生活用陶瓷器等各相关遗存看得出,他们的精神生活相当丰富。这让人十分鼓舞。这些成果将随着发掘调查的深入不断充实,值得期待。而另一方面,我们还可以从绘画史料来考察镰仓武士的住宅。

《一遍圣绘》所描绘的武士住宅

现在以镰仓时代的《一遍圣绘》为例,看看其中所描绘的地方武士的住宅。《一遍圣绘》是时宗开祖一遍的传记画卷，画卷上有一遍圆寂十年后"正安元年"（1299年）的跋。画卷描绘一遍行脚全国各地的事迹，作为绘画史料得到高度重视和使用。这里撷取的是筑前国的武士宅、信浓国小田切里的武士宅及信浓国佐久郡大井太郎宅，描写的都是地方武士住宅的形态。

其中最具代表性的武士住宅是筑前国的武士宅，周围以沟壕环绕并围以板墙或树木篱笆，防御上还设有望楼门，配备弓箭手和盾牌。开放式主屋前筑池，放养鹰隼，以壕沟围起的区域是武士必不可少的马厩及练马场。其他两幅图稍有不同，其外围不见板墙或马厩。

虽不能肯定绘画反映的就是现实中存在过的住宅，但既然是记录一遍生平的绘画，那一遍实际生活所经历的具体住宅部分的描述，其可信度还是很高的。接下再看信浓国小田切里的武士宅和信浓国佐久郡大井太郎宅的具体描写。

筑前国的武士宅

渡过沟壕就是配备弓箭手和盾牌的门楼，外围绕以板墙，内部设有树木篱笆和竹编墙。环以外廊的开放式主屋地面铺板，一部分铺榻榻米，还有佛堂风格的茸板屋顶的次要建筑。铺板马厩的背面疑似练马场棚子。另见有马、马厩旁的猴子以及狗、老鹰等动物，引人瞩目。[引自《一遍上人画卷（一遍圣绘）》，清净光寺、欢喜光寺藏]

信浓国小田切里的武士宅

一遍坐在主屋外廊上敲击着钵，前庭上僧尼和俗人围着圈在跳舞，此地是舞蹈念佛的诞生地。（引自同前画卷）

信浓国小田切里的武士宅对于一遍的时宗来说十分重要，有首次举行舞蹈念佛的场所。一遍坐在茸板屋顶的主屋外廊上敲击着钵，前庭上僧尼和俗人围着圈在跳舞，坐在主屋的宅邸主人透过竹帘正在观看。始于此地的舞蹈念佛不久传播到各地。而信浓国佐久郡大井太郎宅描绘的是，一遍率领的舞蹈念佛一行人跳完舞后离去的场面。从外廊的地板被踏破来看，舞蹈同时在庭前和廊上进行，念佛舞蹈充满着力感，铿锵震撼。从主人透过竹帘目送一遍一行人来看，他是坐在主屋中观看舞蹈的。通过图中所描绘的舞蹈念佛的场面，我们可以得知当时的武士住宅的主屋是开放式的，面向庭园一侧设有外廊，廊和庭合二为一组成仪式或艺能表演的场所。

开放式的主屋和前庭

通过以上的《一遍圣绘》可以看出，开放式的主屋和前庭以及与所举行活动的关系，这些实际上都与寝殿造所见的住宅特点十分相似。寝殿造的寝殿、对屋都是开放式结构，附有所谓大披屋的阳台和外廊。寝殿造所举行的各种仪式、活动，通常是在建筑内部

信浓国佐久郡大井太郎宅

一遍一行跳完舞蹈念佛离去的场景。从被踏破的外廊地板足见念佛舞蹈的
力感。茸板屋顶的主屋和茸草屋顶的房子并存,背面像是厨房,顶上还冒着烟。
建筑以树木或干柴的篱笆围绕。(引自同前画卷)

和前面的庭园以合二为一的空间里进行的。虽不如《法然上人画卷》
中漆间时国的住宅设有中门廊(参阅前项"寝殿造的蜕变与庶民住宅"
中"农村的武士住宅"),但这些武士住宅明显受到寝殿造的影响。

　　补充说一下,从以上《一遍圣绘》的各种画面中看到的武士住
宅的特点,诸如建筑用地以壕沟、围墙环绕、主屋前筑池、见有各种
附属建筑、内部以墙或篱笆分割区域等,这些都与考古发掘探明的
镰仓武士住宅有着共同的特征。结合发掘成果和绘画史料的综合
研究是今后需要全面展开的课题,重视考古发掘的成果和绘画史
料,使得镰仓武士的住宅也成为住宅史研究的对象。

中世的庶民住宅

中世的庶民与住宅

中世除前项介绍的武士住宅以外,其他还有哪些形式的住宅

呢？一般庶民的住宅又是怎样的呢？他们不像武士、贵族、僧侣在中世社会处于统治阶层的地位，极少见有记载他们的史料，因为历史舞台上没有庶民的一席之地，要想探明他们的住宅难上加难。让我们参照前项的做法，以画卷中描写的住宅形象为主要线索来考察一下。

　　士农工商这种身份制度是近世才确立的，在中世没有这种划分，所谓庶民具体指代哪个阶层，很难判断。其中有以农业、渔业、商业等某种形式维持生计，即从事生产进而支撑中世社会的人们，在这里暂且称他们为庶民。但现实中，庶民的住宅多种多样。从各地已发掘的遗址看，既有自古以来一成不变的竖穴住居形式的住宅，也有如各种画卷所见的寺院、神社门前仅盖个屋顶的挖坑立柱小屋等，这些都是庶民住宅。从建筑角度来说，这些是极为简陋的住宅，但比起画卷所描写的睡在寺院外廊下、屋檐下的人们来，毕竟还有个能够遮风避雨的草屋。

《粉河寺缘起》中所见猎人的住宅

　　较上面画卷中遮风避雨的草屋，画于十二世纪后半期的画卷

《粉河寺缘起》中所见纪伊国那贺郡猎人的住宅，可称得上最高等级的庶民住宅。从绑有野兽皮的木框和弓箭来看，这确实是猎人之家，其住宅相当不错。木桥架在小河上，过桥便是围以篱笆的简朴的冠木门，还有竹编门。宅地内种植着各种树木，庭园似乎也不小。住宅由两座茸草屋顶建筑组成，外侧一座建筑的前面附设有房顶铺板的披房，外围有横向栎条板门，中间还有向外开启的横轴上悬窗。因为绘画的需要，拆除了板墙，后面那座建筑的内部仅见木桶、砧板等简单的家财用具，可见其生活十分简朴。屋内铺板或铺草席、榻榻米，砌有土墙或板壁，不见泥地房间。内部还有"涂笼"这种封闭式起居室空间，采用布帘或木板拉门分隔房间。

猎人的住宅

人们集合在外侧铺有地板的明间部分，从中可窥见住宅实际使用的状况。
（引自《粉河寺缘起》，粉河寺藏）

　　这里的猎人之家或许不能代表中世的庶民住宅，在《粉河寺缘起》中还描绘有河内国赞良郡富豪的家，这是一处寝殿造的大宅邸，围以水深的壕沟和板墙，设有望楼门，宅地内房屋栉比。因此，相比之下，猎人之家应该是作为庶民住宅来描写的，至少不是贵族、武士住宅。引人瞩目的是正面右手披屋部分，其作用是招待客人，除柱子以外，没有任何门窗板壁等。是个开放式空间，低于地板处搁着块板，用作放鞋子，有的人还坐在门桯上，这种类似开放的檐廊，将铺板的室内与屋外的庭园连接成一个整体。

《一遍圣绘》中的庶民住宅与《洛中洛外图屏风》中的町家

　　这种铺板的有柱无墙建筑,常常出现在中世的画卷中。在十三世纪末所绘《一遍圣绘》(圣戒本)的琵琶湖岸大津庶民住宅的场景中,在临街拐角处围以树木篱笆的住宅内,茸板屋顶的铺板主屋前是有柱无墙的开放式空间,还绘有寝殿造常用的木板双开门,建筑形式酷似寝殿造的对屋。可以想象,这画卷所绘庶民住宅属于上层阶层的住宅,跟武士住宅一样,深受寝殿造的影响。

　　在大津的相同场景中,还见有各种各样的庶民住宅,女子在面临街头的店铺前卖水果,这是间町家(商家建筑)。所谓町家,指的就是都市的庶民住宅。引人瞩目的是,跟周边的农家一样,规模小的町家内部几乎也都是泥地房间。至于京城的町家,如前面《年中节庆画卷》中所见,起源于古代平安京在临街的夯土墙一角搭建的看台这种都市设施,跟十六世纪《洛中洛外图屏风》(町田本)所绘近世町家基本上属于同样形式。但《一遍圣绘》所描绘町家反倒在亲缘关系上更加接近于农家,跟京城町家或许有着不同的原型。

琵琶湖岸大津的庶民住宅
并排着以树木篱笆围绕的农家风格的住宅和面临街头的町家风格的住宅。
(引自《一遍上人绘传》,东京国立博物馆藏)

町家

描绘的是"应仁、文明之乱"后重建的町家及街景。室内从正面到里面都为泥地房间，即整间泥地房间的形式已经诞生，跟近世町家存在传承关系。（引自《洛中洛外图屏风》町田本，国立历史民族博物馆藏）

从中世民居到近世民居

相对町家，庶民住宅的另一种形式的农家又是怎样的呢？画卷中农家的建筑出乎意外地少，《洛中洛外图屏风》中农家也不像町家那样清晰可寻。但幸运的是现存的遗构中有建于中世的建筑以及近世建造然传承中世形式的农家遗构。

享有"千年家"美誉的"箱木家"（兵库县神户市）为现存民居中最早的遗构，其形式可追溯到十五世纪。近年来由于水库工程移建他处并复原了建造当初的形式，从中可窥见屋檐低沉的中世的民居形式。内部一角为称之"庭"的宽敞的泥地房间，其中有马厩，地面铺板是主室"表"，面对前面的庭园，还见有檐廊。

而另一处旧泉家（大阪市丰中市）是位于大阪府北端能势地区的农家，建造年代虽为近世，但保留了中世末期的民居形式，称之为"能势型"、"摄丹型"。跟箱木家相同，也有附带马厩的泥地房间。前面是主室"表"，也见有柱无墙的檐廊"缘"。

这些民居遗构都为近畿地区中世以来的古旧形式，共同的重要特点是正面有檐廊，主室面对前庭开放，这些都属寝殿造谱系的

箱木家主屋全景

古民居，在江户时代就有"千年家"之美誉，建造年代大多在室町时代末期之前。在正交屋脊的檐墙侧设入口（檐墙入口），房间布局前面为宽敞的客厅，里面左右两间分别是厨房和储藏室（前客厅三间房），为近畿地区中世以来的古旧形式。近年来由于水库工程移建他处并复原了室町时代的民居形式。仅正面檐廊的部分开放，其余封闭，墙体厚，出入口小。

住宅。只是主屋栋内部存在泥地房间跟寝殿造大有不同，有马厩无疑说明这就是从事农耕作业的农民的住宅，即庶民住宅。

从以上数例民居中可以看出，中世的庶民住宅包含着两方面住宅形式的要素：寝殿造以来的铺板开放的檐廊住宅形式和竖穴住居以来的泥地作业空间的住宅形式，而实际状况因年代、地区、阶层等因素各有不同。近世的庶民住宅也脱胎于这两种形式的错综交叉，在思考各地民居的地区特色时不可忽视这种时代背景。

旧泉家主屋檐廊"缘"部分

歇山顶的山墙侧开正门（山墙入口），属"能势型"民居建筑年代最早的遗构，可上溯至十七世纪后半期。其特点是除"缘"的前面有双槽推拉门以外，整座建筑结构封闭。（日本民家集落博物馆藏）

寺内町——日本的自治都市

大和的今井保存着许多江户时代的建筑

现今哪里保存江户时代的町家建筑最多？既不是京都也不在金泽，而是奈良县橿原市的今井町。今井位于奈良盆地的南面，为东西600米、南北300米的小型都市型聚落。今西家豪宅为八栋造①结构，有"庆安八年"（1650年）的上梁牌，上代曾担任过町长。以此为主，共有八座町家被指定为国家级重要文化遗产。还有不少江户时代以来的其他建筑，至今在今井住宅中仍占相当大的比例。走在东西南北井然有序的街道上，映入眼帘的是鳞次栉比的屋檐低深、门前设有格栅的町家，且具有厚重感，让人感受到江户时代以来的街景氛围。

今井町全景鸟瞰
纵横井然的道路四通八达，茸瓦屋顶的町家鳞次栉比。

---

① 由造型复杂、多博风和豪华屋顶的多座建筑组成的建筑形式——译者注。

今井家的外观

住宅位于今井町西端,歇山顶的山墙侧附设低一层的博风,使得屋顶形状复杂多变,因之称为"八栋造"。连披屋的里侧也用白灰泥加固,二层的窗户使用粗大的格栅,结构上形似城郭。

　　为何今井能保存如此之多的古町家呢？原因有多个,比如明治以降的近代化相对滞后,未曾遭遇大火等的灾害,具有坚挺的经济实力——正如民谣所言:"大和的金钱今井占七成。"因而得以建造许多优质的町家,等等。大和地区坐落着自古以来的奈良,也有以近世城下町著称的大和郡山,而位于大和与周边地区交通要冲的城镇聚落今井发挥了连接这些主要都市与农村的结点作用,担任着实质的经济重任。但要回答今井为何如此繁荣,还需回溯中世去思考作为寺内町的今井历史。

一向宗门徒的都市——寺内町

　　所谓寺内町指,以一向宗(净土真宗)的寺院为中心,利用自然地形以壕沟、土垒墙等环绕周围的防御性都市形态。今井也是这样,称念寺(一向宗)位于中央部稍南,周边曾是围以环壕的都市聚落,现都被埋在了道路底下。现今的今井诞生于十六世纪的天文年间(1532—1555),本愿寺法主同族的今井兵部建立今井御坊(称念寺)作为一向宗道场,环以壕沟营筑堤坝,通过町地划分安置门徒浪人和商人。因地处大和地区的交通要冲,商业繁荣,跟堺地方也有互动，并以环壕和雇佣兵为后盾抗衡织田信长，但1575年（天正三年）屈服其军事实力，解除武装并拆除了"土碉堡"。

换言之，寺内町之所以重要，不仅是环以壕沟的特殊的都市形态，而且还是门徒们以一向宗寺院为核心，作为据点建设的自治都市，是座有实力能与当时的战国大名相抗衡的都市。

这样的寺内町除今井以外，近畿地区有富田（摄津）、久宝寺（河内）、富田林（河内）、贝冢（和泉），北陆地区有尾山（加贺）、城端（越中）、井波（越中），东海地区也有长岛（伊势）、一身田（伊势）等，其中大多是在1550年前后建设的。寺内町多集中在北陆、近畿、东海地区，这是因

寺内町分布图

为室町时代以降，在本愿寺领导下一向宗势力扩展到这一带所致。

山科本愿寺与石山本愿寺

寺内町源于1471年（文明三年）本愿寺第八代法王莲如在越前国细吕宜营造吉崎御坊，以本坊为中心在门内、门外设立多屋（宿坊），便于坊主、门徒集中防卫。吉崎御坊尚未形成都市的形态，而完成于1483年（文明十五年）的山城国山科乡的山科本愿寺已是相当正规的都市形态。根据发掘调查所得知识以及近世初期的平面图绘制了复原图，山科本愿寺由三个区域组成，建有御影堂、阿弥陀堂、寝殿等的御本寺区域、一家一族和坊馆宅邸、多屋的内寺内区域以及各种街区的外寺内区域，是一个整体上以土垒墙和壕沟围筑的城郭都市。在八个街区中，住着画师以及做年糕、食盐、水产等生意的商贩，谓之"不异于洛中住居"，其壮观富丽堪称

图说日本建筑史

"佛国",就都市而言整体上十分繁荣。

　　1532年(天文元年),六角氏及其法华宗徒在火烧山科本愿寺后,同为莲如许愿建造、竣工于1496年(明应五年)的石山本愿寺成为本山(总寺院)。石山跟山科一样,都是城郭都市,寺内六町环绕御坊,每个町设有称之"钉贯①"的栅栏门,有各自的自治组织。其规模跟后世在此地建造的大阪城二城堡(二之丸)基本对应。

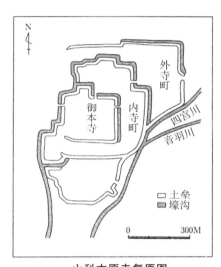

山科本愿寺复原图

根据发掘成果和近世平面图绘制。建筑在基本平坦的
地面上,由壕沟和土垒墙营筑城郭。

　　本愿寺势力以这里的石山本愿寺为总寺院,在各地的寺内町设立据点,于十六世纪后半期得到了长足的发展。这对于基本统一了战国乱世的织田信长来说,是其最大的抗衡势力,挡住了其前进的步伐。始于1571年(元龟二年)的石山本愿寺战役是织田信长最为艰难的战役,最终在1580年(天正八年)本愿寺第十一代法王显如屈服信长交出了石山。1591年(天正十九年),本愿寺迁徙京都被分裂为东西两寺,至此,本愿寺势力的自治型都市发展的可能性不复存在。

_____

①　在地面排列柱子或桩子,以横穿板连接的栅栏或栅栏门——译者注。

作为近世城下町原型的寺内町

寺内町这种都市形态仅存在了百年时间，即在十五世纪末至十六世纪末。但它在日本都市历史上的意义不可小觑。主要有两点：第一、由当地势力建立的自治都市的性质非常浓重。当然，吉崎、山科、石山这些本愿寺主导的寺内町很难称得上自治都市，而其他许多寺内町虽说以一向宗门徒为中心，但当地土豪或地区居民实质上是作为自身的势力据点来建设并维持的。吉崎、山科、石山等在近世没有得到继承并遭瓦解，但有许多寺内町却在近世以降发展成为地区的中心都市，这些都可以从当地的自治都市这点上找到答案。自古代都市以来，作为统治势力的据点而建设的几乎所有的日本都市，时间上虽说短暂，但都曾有过寺内町这种势力，其意义重大。

第二，寺内町所形成的都市规划手法为近世城下町所继承。近世城下町的直接祖形是战国大名所建设的战国时期城下町，但道路划分、町地划分、宅地划分等实际规划技术从其时间和内容来看，很有可能部分继承了寺内町的做法。可以说，现代日本城市的不少规划以近世城下町为基础，而寺内町这种都市所造就的都市规划手法，仍以不同的形式运用在现今的日本城市规划中。

战国时期城下町——战国大名的根据地

越前一乘谷

近世的越前，其中心是位于福井平原中央的城下町福井。战国时期统治越前的中心是一乘谷，它位于福井平原的山谷入口，自贯穿福井的足羽川东南上溯十公里处。自 1471 年（文明三年）取得越前统治权的第一代主人朝仓孝景起，统治越前国近百年的战国大名朝仓氏以此为据点建立了战国时期的城下町一乘谷。1573年（天正元年），第五代主人朝仓义景为织田信长所灭，荣华一时的建筑群化为灰烬。其后，信长的武将柴田胜家建北庄（福井），越前的统治功能转移后，一乘谷遗址变为水田，遗址在地面下得到了良好的保存。1967 年（昭和四十二年）以来进行了大规模的发掘，发

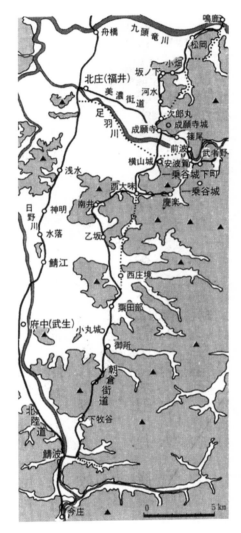

福井平原与一乘谷

　　位于足羽川注入福井平原前的山谷与一乘谷川的交汇点。北陆道为古来的干线道路,南北贯通自府中(武生)至北庄(福井)的福井平原中央地带。以一乘谷为据点的朝仓氏整修了通向平原东部山麓的朝仓街道。(引自水野和雄"筑城",载《复苏的中世 6》)

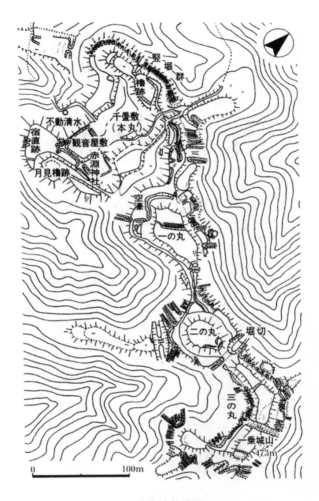

不動清水
宿直跡
月見櫓跡
観音屋敷
赤淵神社
竪堀群
櫓跡
千畳敷
（本丸）
空豪
一の丸
二の丸
堀切
三の丸
一乗城山
473m

0 　　　　　　100m

一乘谷城的布局

　　自一乘谷东面一乘城山向西北延伸的山脊上，连续建筑一之丸、二之丸、
三之丸，分别围以明沟或竖沟，本丸由千叠敷以及望楼、观音宅地组成，从巨
大的枯壕以及所留下基石等可以看出，千叠敷是其主要建筑。（引用同前书）

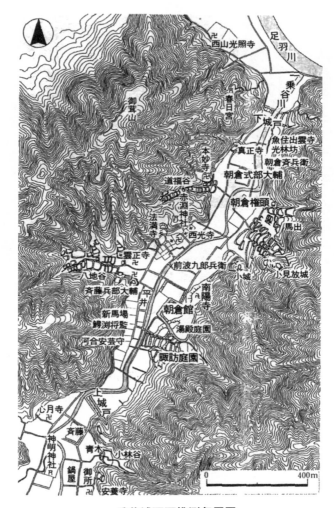

一乘谷城下町推测复原图

在几乎呈南北流向的一乘谷川注入足羽川的狭长山谷沿线，以坚固的土垒墙构成上下"城门"，狭长的"城门之内"是战国时期城下町—乘谷的中心部分。山麓的高岗上有武士的住宅和寺院，河川沿线的低地为庶民居住部分。（福井县立朝仓氏遗址资料馆绘制）

朝仓馆遗址全景

　　一乘谷最大规模宅邸，以土垒墙围绕，外侧筑有外壕。除有多处带有基石的建筑、园池、水井、排水沟等遗构外，还发现了许多遗存。背后山上建有一乘谷城。

现了丰富的遗构和遗存，并被指定为国家特别史迹①。1972 年，设立了朝仓氏遗址调查研究所，对朝仓馆遗址、谏访庭园遗址等已发掘的遗构进行了整治，复原部分建筑，展示其他地方看不到实物形象，是了解战国时期城下町的贵重遗构。

　　虽说都是城下町，但作为战国大名据点的越前一乘谷，与其他知名的近世城下町存在相当大的不同。近世城下町的形态通常是，在环以壕沟的城郭中心建有天守阁，其周围布局武士住宅、寺院、神社，街道两侧排列町家，区划井然，整体上建筑和各种设施一应俱全。但一乘谷在山上筑有山城、山寨、望楼等军事设施，在不远处的平地上建有用于日常生活的城主宅邸、武士住宅、寺院、町家等，属分散型布局，没有严格的区域划分。这种形态可以说是战国时期城下町常见的结构形态。

―――――――――――

　　①　这里指与历史事件相关的场所、建筑物或遗址——译者注。

战国时期的城郭

防御为主的一乘谷规模宽 200 米、长 600 米,坐落在东面海拔 473 米一乘城山的山脊上。称之本丸①的中心建筑部分和顺势增高的一之丸、二之丸、三之丸,都是在山顶部凿山平地建造的。是否筑有栅栏或围墙不得而知。沿斜面平行方向开凿明沟和枯壕,沿斜面直角方向开凿竖沟,具备了作为军事设施的功能。不过,一乘谷城并非单独的存在,它与分散在周边山头上的山城群组成了一个整体,发挥了朝仓馆背后最后据点的功能。

占日本城郭大半的中世城郭,其多数如一乘谷城所见,都分散建筑在城主宅邸背后山上的山脊处,相互间保持着密切的关系。换言之,作为山城其高度、地形或土木工事的坚固自不待言,而整体的有机布局才是保持军事设施功能的根本。城郭建筑附设天守阁等,作为领地经营的中心设施从山上搬到平原,城郭的这种蜕变是近世城下町诞生以后的事。

---

① 主城堡,城堡的最终据点,依次为一之丸、二之丸等——译者注。

战国时期城下町的都市空间

如复原图所示，建有城主宅邸的战国时期城下町的中心部分位于足羽川支流一乘谷川自南向北流动的中央山谷地带。东西面群山紧逼，以坚固的土垒墙构成的上下"城门"把守南北山谷出入口，"城门之内"区域狭长，东西宽 300 米有余，南北长 1.5 公里。发掘成果表明，城门之内存在以百尺（约 30 米）为基准的规划道路划分以及宅地划分，偏东山南麓为其中心地，建有朝仓馆、汤殿庭园、诹访庭园等朝仓一族的居所建筑群。此外，在山麓的高岗上有高级武将的住宅，寺院也布局在高岗各处。河边低地排列着小型住宅，一间紧挨着一间，多为面阔二、三间、进深较深的建筑。从遗迹中可想象曾为佛具店、铸造铺和染坊等，都为手工业者的住居。

如此规模的一乘谷究竟是如何承担越前国中心的实质功能尚不得而知。在日本的高中历史教科书中记载有著名的"朝仓孝景条文"，即"禁止在越前国内建造非朝仓家的城郭和山寨；重臣级官僚须在一乘谷建馆常驻，其领地委派代理官员代管"。此条文开一国一城令以及城下集中住居之近世城下町的先河，不过这条令在朝仓氏的城下町实践过多少，是一个今后需要解决的问题。

从战国时期城下町向近世城下町进化

这种战国时期城下町的都市空间虽说受地理条件和固有地形的限制，但实际上形态多样，就大而言，存在作为战国时期城下町的共同类型或发展阶段。据小岛道裕氏的研究，战国时期城下町城郭内部为大名宅邸和家臣们的住宅以及直隶城主的工商业者们的居住部分，其他工商业者居住的市町大都在城郭外部，从而形成了所谓二元的都市结构。这表明战国大名尚没有能力将领地内的工商业者强制迁移到城郭内部的能力，克服这一弱点的过程即宣告战国大名向近世大名的蜕变、战国时期城下町向近世城下町的进化。消除这种二元性的是织田信长的安土建设，之后就在近江八幡、大阪等所谓织丰（织田、丰臣）谱系城下町的主导下，形成了近世城下町的形态。

一乘谷的周边市町在何处，现尚不得而知。但大体上属这种

134

二元的都市结构,其形态也容易理解。不过,这种观点除适合当时的先进地域近畿、北陆、濑户内沿岸地区外,对全国各地的战国时期城下町具有多大程度的普遍性,这将是今后都市史研究的课题。

总而言之,占现今日本主要城市大半的近世城下町是作为战国时期城下町的继承者登上历史舞台的。毫无疑问,从战国时代至江户时代,这一时期在日本都市历史上称得上是个最大的转折期。

第三章　近世

近世的城郭建筑——天守的成立

城与天守

说到日本城,许多人立马会想到耸立在高高的石垣上白墙天守的姬路城。此城别名白鹭城,池田辉政因在 1600 年(庆长五年)关之原战役中立功被封为城主,他于翌年 1601 年开始扩建这座中世以来的城池,并于 1609 年(庆长十四年)前后竣工。城址利用播州平原的小山丘地形,以本丸为主,建造了二之丸、三之丸和西之丸,除大天守、小天守外,还有望楼、望楼间通道、望楼门、土围墙等各种建筑群,这些都被巧妙地布局在因地制宜的石垣上。在现存的城郭建筑中,其建筑遗构最为完整,从中可窥见往时整个建筑结构的精妙之处,十分珍贵。说到底,给人印象深刻的就是姬路城外观上的天守。

姬路城(白鹭城)外观
大小天守、各种望楼以及土墙等,高低有序地建筑在石垣上。巧妙布局有起翘小博风、卷棚式博风的屋顶和白色外墙的建筑美,与利用高低错落地形的整体建筑看起来十分协调。姬路城不仅作为城郭建筑,而且就整个日本建筑而言,也是顶级的建筑遗构。

所谓天守（也写成天主或殿主，但近世统一为天守），也称为天守阁，指的是城郭中心的望楼，从外观上看通常存在多重屋顶，内部以地板分成多层。姬路城大天守五重六层加地下一层，西、乾（西北）、东面的小天守之间用望楼间通道连接，即所谓联合型天守形式，堪称最为发达的天守形式。天守群外墙和屋檐一律涂以白色灰泥，屋顶为起翘小博风或卷棚式博风，显示出近世城郭建筑出色的壮丽外观。

明治维新当时，日本全国共有四十座天守，因维新时遭受破坏或战火烧毁，现仅存十二座，具体如一览表所示。

现存天守一览表

	名　称	所　在　地	建筑年代（含推定）
1	丸冈城天守	福井县坂井郡丸冈町	1576 年（天正四年）
2	松本城天守	长野县松本市	1596 年（庆长初年前后）
3	犬山城天守	爱知县犬山市	1601 年（庆长六年）开工
4	彦根城天守	滋贺县彦根市	1606 年（庆长十一年）
5	姬路城天守群	兵库县姬路市	1609 年（庆长十四年）
6	松江城天守	岛根县松江市	1611 年（庆长十六年）
7	丸龟城天守	香川县丸龟市	1660 年（万治三年）
8	宇和岛城天守	爱姬县宇和岛市	1665 年（宽文五年）
9	备中松山城天守	冈山县高梁市	1681—84 年（天和年间）
10	高知城天守	高知县高知市	1747 年（延亨四年）
11	弘前城天守	青森县弘前市	1810 年（文化七年）
12	松山城天守	爱媛县松山市	1854 年（嘉永七年）

天守的成立过程——中世山城与宅邸

这种近世城郭中心的天守是如何成立的呢？如越前一乘谷城所见，正式的城多为利用自然山脉地形的山城。关于日本全国残存的许多中世城郭，随着发掘调查在内的研究积累的不断增多，其时代和地区特色等连同中世城下町日渐明朗。不过，在构成城郭的山上垣墙周围，也发现有基石等能证明曾存在建筑的证据，但大多场合不见常设的正规建筑，而城主平时居住的宅邸也都在山麓。

随着战国时代临近尾声，城郭已从军事设施转为统治领地的据点，并设置在政治和经济上便于统治的平原，出现了所谓的平山城或平城。在这一过程中，城主的宅邸、作为军事设施的望楼等统合在同一座建筑物中，想必这就是近世城郭天守的成立过程。现存天守中年代最早的丸冈城天守、犬山城天守等都为望楼型天守，通常在单层或两层的望楼大屋顶上再加盖个小望楼，形态单纯也是一个理由。但并非就是当时的建筑遗构按原样保存了下来，其中的具体过程也未必十分清楚。而织田信长所建造的安土城天守，可以说是近世城郭天守发展史上的重大转折点。

安土城天守与大阪城天守

信长在 1575 年（天正三年）的长篠战役中打败了甲斐武田氏，翌年定居城于近江国安土，由普请总奉公丹羽长秀领衔开始筑城。近江为东海道、中山道、北国街道交汇的京都东面入口，其中安土城位于琵琶湖湾呈半岛形突出的山上，不仅为军事要塞，而且也是琵琶湖水运之要冲。这座山体布局有以石垣垒叠的许多垣墙，不见山麓宅邸、山上城郭这种中世城郭的区域划分，而是全都集中在了山顶的城郭上。耸立在中央的天守五重屋顶，内部加上地下共七层，栋梁为热田木工匠冈部又右卫门，内部障壁画为狩野永德同门画家绘制。但遗憾的是 1581 年（天正九年）竣工的天守，在翌年 1582 年的本能寺之变及后来的山崎战乱中即毁于战火。

关于安土城，根据信长命令筑城的当时记录、基督教传教士弗罗伊斯的报告以及遗址发掘成果和出土的瓦片等，经综合判断在很大程度上得以复原。另据宫上茂隆氏的详细研究，安土城天守建筑在八角形天守台内侧高五尺（约 1.5 米）的石垣上，屋顶葺瓦，檐口瓦全部使用金箔。自一层至三层为御殿，外墙檐口里侧涂白色灰泥，墙裙贴护墙板。五层为梦殿般的八角形平面，柱子等涂朱漆，内部绘佛画，向外出挑的檐廊下描绘有中国皇帝的象征龙及虎头鱼饰。最上层的六层为金阁三层的中国样式的佛堂，内部的木板顶棚贴满金箔，板壁上描绘三皇五帝的儒教故事画，外侧柱子涂金，板壁部分涂黑漆。据宫上氏称，从这些特点可以看出，不仅内部的绘画题材是中国的，而且建筑的形态也具有浓厚的中国风格。可以说，在高台上建高楼其本身效法的是中国统治者的建筑传统，这表明了信长的中国趣味，旨在自诩继承了深受中国文化影响的中世文化的强烈意识。

安土城发掘遗构图

对安土城自大手门至本丸笔直的大手道和两侧的大名住
宅区域进行了发掘调查。

　　丰臣秀吉继信长之后统一了天下，于 1583 年（天正十一年）在
石山本愿寺遗址开始建筑大阪城，整体规模上超过安土城。当然
大阪城也筑有天守，其规模匹敌安土城，但外观和内部装饰不敌安
土城。这是因为秀吉的重点放在了规模远超安土城的本丸御殿
上，信长通过天守展现的中世文化传统没有为秀吉所继承。

近世城郭的出现

　　总之，由于安土城、大阪城所代表的织田、丰臣谱系城郭的出
现，城郭本身迎来了重要的转折期。从中世山城开凿崖壁当作垣
墙、斩断山脊用作明沟、垒土筑成土垒墙的阶段起，就筑有利用人
工石垣形成落差有序的垣墙。城郭出入口"虎口"，尤以石垣筑起
的箱形虎口最为发达，与建在石垣上部的望楼和城墙融为一体，使
防御功能变得空前的强大。城内建筑为永久性设施，屋顶葺瓦，外

墙涂灰泥。以天守为中心的建筑外观发生了180°的转变,从单一的军事设施蜕变成为领地统治的象征。它宣告了具有全新、独自表现形式的近世城郭的诞生,这些特点在寺院、神社建筑以及住宅建筑中全然没有。这种建筑技术及其样式以关西,尤其是九州地区为主,迅速普及到日本全国。

1615年(元和元年),大阪夏之阵战役烧毁了秀吉的大阪城。德川幕府用堆土填埋了丰臣时代的本丸,在此基础上再建造了更大规模的德川大阪城,同时还在江户建设宏大的江户城。另一方面,发布一国一城令,严厉限制城郭的建造,天守建筑的发展事实上偃旗息鼓。换言之,就城郭发展史而言,前面出现的姬路城天守展现的是近世城郭鼎盛期的形象,不愧为宝贵且重要的遗构。

建筑的标准尺度与"间"

京间与田舍间

说到长度基准尺度,现今普及米制,通常使用米、分米、厘米的长度单位,在日常生活中表示长短、大小时基本上适用。而另一方面,间、尺、寸这种日本传统的长度单位也用得很多,尤其是建造木结构建筑的木工匠理所当然地使用着间、尺。而普通日本人,对于间和一间见方的面积单位坪,凭直觉就知道其大小。例如,近年地价飞涨,人们谈论时不说1平方米多少价钱,而是用每坪或坪换算成3.3平方米多少价钱。这是因为一间的长度与我们住宅中使用的榻榻米的大小基本一致,即便在今天,住宅建筑在建造时仍以"间"为基准尺度,用坪来表示大小。

这种建筑基准尺度一间的长度,明治以降法律上规定:一间＝六尺,即1.818米,这没问题。但要追溯到江户以前时代的话,尺寸并非固定。首先日本列岛因地区而异,众所周知,相对以东京为主的关东地区,以京都、大阪为主的关西地区的榻榻米尺寸要稍稍大些。同样六帖间,关西的要比关东来得大,这是因为决定榻榻米大小的建筑基准尺寸的不同,关东采用的是田舍间六尺一间的基准尺寸,而关西采用的则是京间六尺五寸一间的基准尺寸。

为何会产生这种差异的呢? 一种方法可帮助我们解答其中的

原委:间分为两个系统,即作为测量土地的测量单位的一间和作为建筑基准尺度的一间。

作为检地和测量土地单位的"间"

丰臣秀吉建立了作为测量土地单位的"间"制度,即所谓太阁检地。太阁检地时,定六尺三寸为一间,一间见方为一步(即一坪),三百步为一段,从而产生了町、段、亩、步这种土地测量的基准,还有十合一升的京升计量基准。太阁检地改变了古代律令以来的土地制度,确立了近世土地统治制度,这无疑是个划时代的政策。从基准单位的观点上来看,加之容量基准,在全国范围内统一规定了并非一致的长度和宽度的基准尺度,其意义甚大。

继秀吉之后执掌统一政权的德川家康也进行检地。其基准和方法虽继承了太阁检地,但最大的不同是将一间定为了六尺。换言之,幕府检地使用六尺一间的田舍间作为土地测量单位,这一基准在以后得到了普及。这种幕府检地在以关东、东北为主的幕府领地或旗本(直隶武将)领地实施,与田舍间的基准基本重叠。

幕府在丈量土地中采用了六尺一间,但并不意味作为土地测量单位的六尺一间旋即普及到全国各地。例如,在德川氏城下町的江户,作为町地划分的基准单位,京间和田舍间出现混用,甚至连武家住宅也采用包括六尺三寸一间的不同基准尺度。但作为土地测量单位的间,似乎大多采用方便的田舍间,幕府实施的町地划分所用的间,最终于十八世纪初期统一成了六尺一间。

建筑的"间"与作为长度单位的"间"

那另一种一间=六尺五寸(1.97 米)的京间又是如何成立的呢? 要思考这个问题,必须追溯建筑技术的发展历程。话说在日本古代的建筑中,所谓间,并非长度的基准,而是指柱与柱之间的意思。日本传统的木结构建筑为骨架结构,由柱与架在上面的横木——梁枋组成,柱的位置不仅是结构上的需要,而且在意匠上有着重要的意义。因此,在表现建筑时,与其用长度表示规模,倒不如以柱间多少来表示更为方便。图示的建筑可以用"面阔三间、进深二间"来表示。这样一来,或许有人会担心不知道建筑的大小。虽然柱间的实际长度会因建筑物种类或时代各不相同,比如古代的寝殿造约为十尺,但在实际上不会有问题。

这种柱间的实际长度,随着时代的推移和建筑技术的进步、建筑用途的变化,渐渐变小。通过测量现存建筑的柱间尺寸,这些都能明白,中世大多为七尺,在中世末以京都为主的关西地区,其书院造住宅形式的标准柱间基本上为六尺五寸。所谓京间,专指京都地区建筑中所用的作为长度单位的建筑基准尺寸。

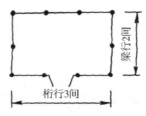

建筑平面表示法举例

建筑面阔三间、进深二间,与柱间实际长度无关。虽不能知道建筑准确的大小,但就立柱、架梁枋组成骨架的木结构建筑而言,柱的位置十分重要,它构成了基本的建筑平面。

因此,京间本是建筑技术人员、即木工栋梁使用的基准尺度。近世江户的町地划分采用京间,是因为所录用的实际测绘人员中,有不少人是在京都一带从事过建筑行业的木工匠。

"间"长度的地域性与年代的变化

关于京间和田舍间,差不多有以上说明就行了。但作为建筑基准尺度的间的实际情况远非如此简单。在日本全国存在着使用京间、田舍间以及六尺二寸、六尺三寸的间的建筑,加上考古发掘发现的遗构等情况更加复杂。即便在同一地域或场所,从年代看也有变化。例如,岩手县内的民居,在十五世纪时为七尺,到十八世纪就变成了六尺三寸。

据记录载,北海道函馆市郊的志苔馆遗址为源自室町时代和人豪族的宅邸,通过发掘发现了许多柱坑遗迹,确认为建筑遗址的有五座。引人瞩目的是这些建筑的柱间尺寸就有三组:七尺、六尺五寸和六尺。从地层关系看,并非同一时代的建筑,七尺、六尺五寸和六尺的顺序不会有错,但不知它们的实际年代。当时的虾夷地远离文化中心,建筑技术属于何种谱系,又是通过何种途径传入的,可以说这些都是引发人们兴趣的问题。就这个意义上而言,建

志苔馆遗址整修状况

现状是整修后的柱间七尺时代的建筑遗址和水井遗迹。可远眺土垒墙对面的函馆山。

志苔馆遗址鸟瞰

矩形的建筑遗址位于看得见津轻海峡的海岸阶地上,四方高1.5—3米、宽约10米,以土垒墙围绕,正面入口和前面的二重环壕保存完好。发掘时发现的立柱式建筑柱间分三组:七尺、六尺五寸和六尺。

筑基准尺度在思考日本列岛文化传承的问题上将成为一个重要的线索。

草庵式茶室的成立

茶汤与茶室

用于茶汤的建筑设施称为茶室。只要能满足饮茶功能的建筑都可称茶室，但实际上多指一种独特的建筑形式，它始于中世十五世纪的村田珠光，后为武野绍鸥所继承，最终大成于十六世纪末千利休闲寂茶的茶室。因此，闲寂茶这种茶汤的思想内容、形式过程与茶室的建筑形式有着密不可分的关系。要了解武野绍鸥、千利休等茶人的茶汤内容，他们留下的文字以及各种记录、传说等无疑是重要的史料，然而茶室这种建筑本身也是重要的实物线索。

这里选择千利休的妙喜庵待庵和古田织部的燕庵两处茶室，通过比较考察茶汤大成者千利休的茶室意义。

千利休的妙喜庵待庵——草庵式茶室之集大成

妙喜庵待庵创建于 1582 年（天正十年），为现存最早的茶室，位于京都市郊的山崎。所谓利休趣味即传为千利休建造的茶室，虽其数量不少，但基本肯定是利休实际参与建造的茶室仅妙喜庵待庵一处，是考察利休茶汤最为重要的茶室。

如平面图所示，大小仅二帖，附设一帖次间。左隅置炉（隔炉），与次间间隔处立隔扇（襖），客人出入口宽二尺三寸六分（约 72厘米）、高二尺六寸（约 80 厘米），十分狭小，客人需窝身膝行进出。从照片可以看出，房间以土墙围绕，凹间①名曰洞床，其角落和顶棚也涂以墙土，不见柱子。没有夹板条，墙壁开窗装采光拉窗，低顶棚部分为露明顶棚，将屋顶结构完全暴露在外面。柱子使用带树皮的圆木，即所谓的面皮柱，凹间边框也使用粗大的圆木。顶棚使

---

① 原文为"床之間"，指和式房间中呈凹字形且地板高于室内榻榻米的空间，其正面墙上通常挂有书画挂轴，地板上摆设花瓶等饰物。汉译有译成"壁龛"的——译者注。

妙喜庵待庵内部
左手置隅炉，右手为凹间。

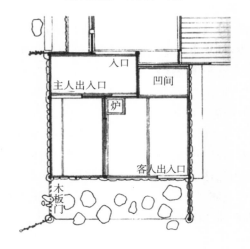

妙喜庵待庵平面图

用竹子和树皮,外观也是木瓦屋顶加土墙的朴素形式。

根据其意匠上的特点,称这种茶室为草庵式茶室,这是因为茶人们吸取了一般民众的住宅,即民居的建筑手法。当时住宅形式主流的书院造使用板墙而非土墙,没有窗,在涂漆的方柱上架设夹板条,顶棚也是平面的格子顶棚,制作方法与茶室截然不同。至于茶室为何是草庵式,有各种不同意见。但基本的解释是,为构筑闲寂茶的世界,需要有独立且封闭的狭小空间,因此采用了更为自由的民居手法,而非原本旨在建造大型建筑的书院造手法。采用有别于书院造的样式建造独立的茶室,这在珠光时代就已萌发,利休是其最终的集大成者。

值得瞩目的是,妙喜庵待庵将草庵式意匠发挥到了极致,在二帖这恐怕是最小极限的正方形房间中,整体布局非常洗练,营造了富于紧张感的空间。这应该成为我们思考何谓利休所追求的这一问题最重要的线索。

古田织部的燕庵——草庵式茶室的蜕变

供职织田信长、丰臣秀吉手下的大名古田织部为利休七哲之一的茶人。1591 年(天正十九年),据传触犯秀吉的利休被下放堺时,织部曾与同为武家茶匠的细川三斋一起偷偷地送利休至淀川岸边,可见他是利休茶汤忠实的理解者,同时也是其最有希望的继承者。织部趣味的茶室也有不少,位于京都薮内家的燕庵为幕府末期的重建,虽不是织部当时的原物,但忠实重现了织部茶室的精粹,是了解织部茶汤思想名副其实的茶室。

如平面图所示,燕庵大小所谓三叠台目,即三帖榻榻米加一帖的四分之三大小的所谓台目叠,较待庵二帖要大。在主人进出口处的台目叠为点茶席,即主人点茶的场所,它与茶炉所在位置的中柱组成所谓的台目结构。从照片可以看出,以中柱和茶炉所规定的场所是摆放茶道具的位置以及茶人点茶的重点位置。换言之,茶汤的中心是点茶,台目结构作为其最佳的舞台装置将点茶动作发挥得淋漓尽致。实际上,自燕庵时代以降,台目结构为所有茶室所采纳,成为草庵式茶室最为重要的构成因素。

燕庵的另一重要的特点是等候席。以二枚隔扇分隔的一帖大

燕庵内部
左手为等候席，右手置茶炉、中柱、点茶席。

燕庵平面图

小的等候席附设在点茶席的相反处,实际上若将等候席的榻榻米拿掉,可组成上下两层结构,而等候席的露明顶棚也是为了对应上下两层的结构。换言之,附设等候席的目的是在招待贵人时,明确表示与等候者之间不同的身份,可以说是有意将身份秩序引入到茶室中来。世称燕庵形式是因为这种形式在武士茶人间十分普及,灵活的平面设计固然重要,明确区分身份也是一大因素。

不过,这种上下两层的空间结构以及凹间框涂黑漆等都是书院造的做法,这些也表明燕庵在踏袭草庵式茶室框架的同时,也显示了向书院造的回归。这种动向在织部后继者小堀远州时更为明显,有名的大德寺孤蓬庵忘筌席就是书院造手法的茶室。

利休茶室的特质

最后通过两者的比较,可以看出利休在妙喜庵待庵中所追求的究竟是什么。

首先,利休不使用中柱、台目结构等特别的道具,而是追求完全纯粹空间的茶室。据说中柱是利休发明的,实际上也使用过,但在妙喜庵待庵全然不用。倾心二帖这种最小规模以及正方形平面——找不出任何方向性或秩序,应该与前者大有关系。其次,不将世俗的身份秩序引入茶室之中,不设等候席,排除书院造因素,固执草庵式茶室,这也与燕庵以降的茶室存在根本的不同。

综合而言,利休所追求的是,主人和客人对坐在茶室这一与周围世界隔绝的小宇宙中,排除任何世俗的身份秩序,一心一意地饮茶。常用"一味同心"表达茶的精神,应该指的就是这个意思。总之,利休的妙喜庵待庵不仅体现了草庵式茶室的最高峰,而且也是表现十六世纪末利休茶汤真正内涵的建筑,值得大书特书。

江户的规划与建设

德川家康的江户建设

1600 年(庆长五年),德川家康在关之原战役中击败西军成为全国霸主。1603 年,他被委任为征夷大将军在江户开设幕府,随即着手建设统一全国的中心——江户。传说开凿了神田山，山在现今骏河台、御茶之水一带，将土沙填埋在日比谷入海口，入海口在现今的日比谷公园附近。于是，通过填海造地形成了自日本桥至京桥、银座的江户下町地区。这次造地工程之后，首先诞生了江户的都市中心，即营造江户城等大型建设工程所需物质的存放基地以及技术工匠、建筑工人和流通业者的居住地。这一工程是持续至今的填海造地的先驱，仅就其面积和动用的土沙量而言前所未有，非东国一领主德川氏所能承担的。于是，他以"天下工程"之名义对诸大名课以兵役才得以实施。规定七十家大名中年贡千石者出人夫一人，即以所谓千石夫方式征用劳役，所动员的建筑工人不下数万人。

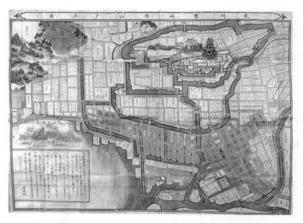

武州丰岛郡江户之庄图（宽永江户图）
虽宽永年间刊行的底本地图已不复存在，但此图为传江户都市结构最早的古图。地图表现法和江户城等代表性建筑的绘画表现法混同在一起，引人兴趣。（东京都立中央图书馆东京志料文库藏）

至第三代将军家光时代，1637 年（宽永十四年）江户城本丸改建工程竣工，自 1603 年以来历经三十余年的江户建设大工程宣告完成。这一工程花费了三代人的心血，其完成后的形象如《武州丰岛郡江户之庄图》（宽永江户图）所示，江户城中心为高耸入云的五层天守阁，周围林立着武家住宅，面向大海的下町规划町地，周围建有寺院，江户城外壕范围内规划完整，井然有序。这是近世城下町江户的原型，宽永年间完成的江户正是庆长年间开工时德川家康或家臣们所追求的样子。

其后,宽永年间的江户在 1657 年(明历三年)明历大火后重建时,扩容并重新规划,发展成为了超大型都市。中心街区的基本町地划分保留不动。换言之,东京这座近代城市的框架早在宽永年间的江户建设中就已形成。

江户的都市空间

通过十八世纪制作的沽券绘图可推测江户市街中心日本桥、京桥以及神田的町地划分的状况。町地划分的基准是正方形街区,即依据纵横布局的棋盘状街道划分,以京间计算为六十间(约 120 米)见方的街区。街区中央为二十四间见方的空地,称为会所地,街道旁布局面阔五间、进深二十间的宅地。这种正方形街区的町地划分手法,在许多近世城下町中非常罕见。骏府、名古屋的正方形街区都是在德川家康的干预下规划的,深受江户的影响。那为何江户要采用这种正方形街区呢? 从都市规划上考察江户都市的特质时,这是个重要的问题。

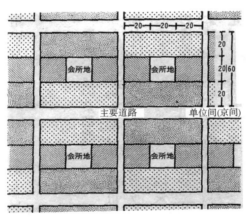

江户町地划分模式图

这时,旋即浮现在脑海的是与京都町地划分的类似性。京都采用古代平安京的条坊制,以四十丈(约 120 米)见方的棋盘状街区为基准,庶民的居住区本来采用"四行八门制"的町地划分,经过中世的再开发,到中世末使用"两侧町"做法即街道两侧部分联合成一个整体进而组成一个町。这样,沿南北和东西的街道形成町,街区的中央或为空地或为寺院、贵族等的大规模地主宅邸。江户的正方形街区，换算成京间六十间即接近四十丈的三十九丈，中央有空地，夹街道构成两侧街等等，这些都清楚说明江户的规划基本上导入了中世末京都的町地划分形态。参与江户町地划分的后藤庄三郎、茶屋四郎次郎等家康的幕僚，都是些精通京都事务的商人，同为幕僚的中井正清是位御用木工匠，也负责江户城的工程。町地划分时所使用的尺度就是用于京都周边建筑的京间，这说明了来自上方（京坂一带）的技术工匠参与了江户建设。

丰臣秀吉的京都改造

京都自身在中世末至近世也发生了很大的变化，源自丰臣秀吉进行的天正年间的都市改造。这一改造使得中世京都进入到了近世京都，改造主要有四方面的内容：① 出于治水和军事上考虑的所谓御土居，即用土垒墙将都市中心部围起来的围郭建设；② 将散落在市中各处的寺院集中起来形成寺町；③ 营造聚乐第、翻建皇宫并建设以公家（贵族）和武家（武士）为核心的公家町和武家町；④ 改正中心部的町地划分。其中，①②③是设立围绕领主宅邸的围郭，根据身份划分住宅区，这些与当时全国性建设中的中世城下町都市规划的内容基本相同。而④町地划分，一方面在下京中心部踏袭中世京都成立的"两侧町"町地划分的做法；另一方面在其周边地区，通过在街区中央开通南北向小路，即所谓"辻子"实施再开发。换言之，在细部的町地划分方面，实现了都市统一管理的统一政权，考虑到原有地区的特点，巧妙地采取了两种都市规划手法：即中世京都以工商业者为主的住民主导下形成的"两侧町"以及"辻子"手法。另一方面，就改造的整体框架而言，其所实施的都市规划成为当时在全国进行的近世城下町建设的先驱。

江户的町地划分基本上继承了中世京都成立时的町地划分手法，但同时也吸收了秀吉都市改造的成果。换言之，京都自古以来即是日本中心都市，江户是在接受其当时最为先进的都市形态的基础上，进行了町地划分。

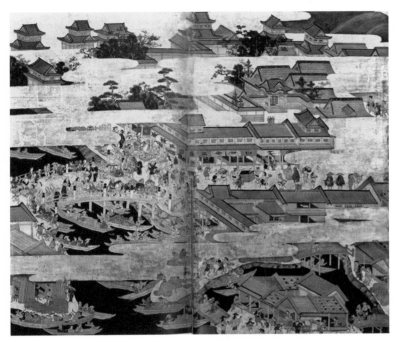

江户名所图屏风（右对屏第七、第八扇）

此屏风总称江户图屏风，是最早描绘都市江户的屏风作品，使我们能窥见早年江户的庶民风俗以及都市空间的实况，是十分珍贵的绘画史料。（出光美术馆藏）

江户的建成与发展

其后，江户的发展大大超过了领主德川氏的想象。描绘宽永年间江户繁华景象的《江户名所图屏风》中见有江户城武家住宅建筑，作为武士之都当之无愧。同时在以日本桥为中心的江户街头，描绘有多种多样的行业以及形形色色的庶民形象。从充满活力的都市景象中可以预知以后江户发展的方向，事实上，在明历大火后，江户作为庶民的城市一鼓作气地发展壮大了起来。

近世城下町的成立

东西城下町

早些年有一首名叫《我的城下町》（1971 年，小柳留美子）的歌十分走红，想必不少人还记忆犹新。歌手以及歌的旋律自然很受欢迎，然而，歌词中带有许多现代日本人感到模糊的城下町形象，比如格栅门、寺院的钟声等，而这些形象的有效运用也成了歌曲风行的重要因素。

城下町彦根
位于琵琶湖畔世袭大名井伊氏的城下町。以天守阁为中心，石垣环绕的城郭周围布局有武家住宅、町地等，井然有序。

城下町萩的武家住宅
西日本典型的武家住宅景观，以石垣和土墙环绕。

当然，人们对城下町的印象不尽相同，若举例具有某种共性的要素的话，有耸立在高高石垣上的天守阁、围以夯土墙的武家住宅、青瓦屋顶的寺院以及街道两侧鳞次栉比的格栅门、瓦屋顶的町家建筑，等等。不过，实际考察过保存在全国各地的近世城下町后，发现不但现在没有，就是在江户时代也不存在以上形象的城下町。

即便如此，在以近畿地区为主的西日本，比如滋贺县的彦根、山口县的萩、岛根县的松江、熊本县的熊本等地，还部分保留着某种程度这种形象的城下町，作为观光景点颇有人气。或许可以说城下町的形象本身就是来自于西日本这些具代表性的城下町。但在以关东、东北为主的东日本，大多为中小规模的城下町，比如秋田县的角馆、千叶县的佐仓，用土垒墙而非石垣筑造城郭，有天守阁但规模很小；围绕武家住宅用的是朴素的板墙或树木篱笆；寺院散见在各处；临街的町家三三两两，屋顶如农家般茸草。形象与想象中的城下町相差甚远。其背景因素各异，或缺乏用于城郭石垣的石材；或因为气候风土原因，屋顶材料等基本建筑用材不同。但更主要的是，在城下町成立过程中，各地独自的历史原因在很大程度上制约了城下町的都市景观。

近世社会中的城下町

江户时代的社会是幕藩体制社会，中央统一政权是以德川氏为将军的江户幕府，作为统治机构在全国统领农民（本百姓）。其统辖下的藩（又称国或领）具有独自的领地统治权，同样是藩，但由于成立过程等各种因素，规模大小不一，就石高（稻谷收获量）而言，大的比如有名的加贺百万石，小的才一万石左右，相差悬殊。因此，藩统治中心的城下町当然大小各异。

但城下町景观不同的因素不仅这些。在前面"战国时期城下町"中也提到过，战国时期城下町的发展促使了近世城下町的诞生，其间城郭的建筑技术和都市规划技术发生了重大的转折，主导这一动向是清洲城以及后来的安土城、大阪城等西日本织田、丰臣谱系的城下町。换言之，织田信长、丰臣秀吉这些统一战国乱世的领主出于统治全国的需要，开发了最为先进的城下町手法并在实际建设中使用。反过来说，正因为建设了先进的城下町才确保了统一政权的建立。

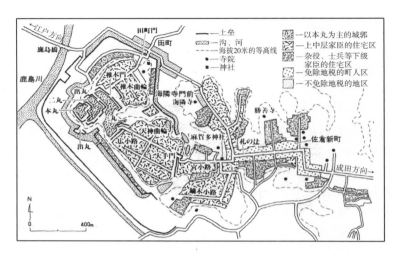

城下町佐仓的都市形态

城郭位于高地的西端,武家住宅、町地布局在山脊一带,周边为下级武士的集体住宅、寺院神社等。

城下町角馆的武家住宅

东日本常见的围以朴素的板墙或树木篱笆的角馆武家住宅,其中涂黑漆的竹子墙和"药医门"结构尤其豪华。

中世末至近世初期，东日本、西日本的战国大名们都为向近世大名的华丽转身，拼命建设作为统治据点的城下町。虽然他们不久便被收编为统一政权的属下而销声匿迹，但各地大名们根据日本列岛各地独特的地理地形条件以及政治、经济上统治的需要，因地制宜地追求了作为自身统治据点的城下町建设手法。理所当然，这种过程在最终成立的近世城下町中，即便不是直接的，但也以某种形式得到了体现。因此，我们需要在这种历史过程多样性的前提下去理解近世城下町都市景观的地区性。

作为都市类型的近世城下町

这种多样性的成立过程，导致实际成立的近世城下町都市景观的多种多样，但就都市形态而言，几乎没有例外地具有共同的特点。众所周知，近世城下町的中心为城郭和领主的宅邸，其周围是家臣们的住宅，工商业者的住宅沿街道及水渠旁建造，位于交通、流通之要冲，下级武士以及寺院、神社在城下町周边地区。以城郭为中心，明确划分武家住宅、町地、寺院和神社地区。这一事实表明，近世城下町之所以成立，就是将本来不同地区的功能有机地组合进了有限的都市领域中，比如作为武士军事据点的功能、作为工商业者流通基地的功能、作为中世重要政治势力的宗教势力据点的功能等。而最为重要的是，战国时期城下町不能统一组合的这些要素，在近世城下町由武士出身的封建领主完全统一了。城郭位于近世城下町的中心，象征权力和权威的天守阁高耸入云，是再形象不过的了。近世城下町最终必定要采用这种形态，因为不采用这种形态的话，近世大名就难以维持藩领地的统辖体制，也就无法生存下去。尽管成立过程多样、都市景观不同，但就都市形态而言，最终还是归结于共同的形态，有必要在这点上思考近世城下町历史作用的意义。

城下町在现代

现在日本县政府所在地的约七成为起源于近世城下町的城市，主要城市的大部分也是建立在近世城下町的基础上。这是因为近世城下町的功能与近代城市的发展存在共同因素的缘故，比如作为藩领地统治的中心、交通和流通的要冲的选址条件在近代也因袭照旧;布局在都市中心的城郭或武家宅邸成了近代城市所需的公共用地或住宅用地;作为流通和交通要冲的町地在近代发展成为了商业用地等。换言之,近世城下町的普遍性是在克服了战国时期城下町的多样性基础上取得的,它在近代作为城市发展的条件具有意义,从而开拓了走向都市近代化的道路。

书院造的成立

作为近世住宅样式的书院造

近世的住宅大致有两种典型样式,即近世统治阶层武士住宅的书院造和被统治阶层农民、商人、工匠等住宅的民居。这两种住宅的成立过程以及基于社会功能的样式、表现形式存在很大差异,这是考察近世社会特质的重要线索。在这里首先来看书院造,考察其作为住宅样式的形成过程及其意义。

关于书院造,如"从画卷看镰仓武士的住宅"所述,它是由古代贵族住宅寝殿造经中世的渐进变化,最终于中世末乃至近世初期基本完成的。不过,其形成过程并不明朗,何种原因促使了书院造

圆城寺光净院客殿外观
从附有卷棚式博风的停车处看到的外观,见有木板门、直棂窗、密棂上悬窗等寝殿造的元素。

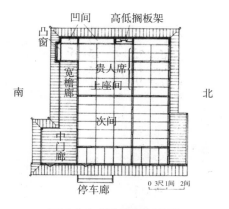

凹间　　高低搁板架

凸窗

贵人席
上座间

宽檐廊

次间

南　　　　　　　　　　　　　　　北

中门廊

停车廊

0 3尺 1间 2间

圆城寺光净院客殿平面图

周围檐廊环绕,其中见有铺榻榻米的房间,用推拉门分隔,井然有序。

的成立,尚无定论。下面以书院造完成后的形式——圆城寺光净
院客殿为例,考察书院造的实际状况。

先看平面,其规模面阔七间、进深五间,铺榻榻米房间呈田字
形,分隔井然。上座之间为主室,接着是次间,然后隔着宽一间铺
榻榻米的走廊(称之"入侧")到达入口停车处。周围檐廊环绕,上
座之间的南侧面朝种植花卉草木的庭园,宽檐廊不设门窗,是一个
有柱无墙的开放式空间。东端的一部分是处宽敞的中门廊。

圆城寺光净院客殿上座之间正面

正面左手是凹间台板,右手是高低搁板架;面朝庭园的左手旁是凸窗,右
手旁是贵人座席;是客厅装饰典型的结构。

圆城寺光净院客殿宽檐廊

外侧是宽檐廊，不设门窗，是个有柱无墙的开放式空间。一
间中有两扇楞条板门和一扇隔扇门。

　　如照片所示，从立面看建筑物的外侧门窗，宽檐廊由装有横楞
的两扇楞条板门和一扇隔扇门组合而成，另一方面，屋檐上附有卷
棚式博风的停车处设木板开门，两旁见有密楞上悬窗。内部用隔
扇门分隔房间，方柱，竹竿薄板顶棚，贴纸墙壁，不见土墙。

　　主室上座之间正面左手，经上座之间附设凸窗[1]；正面右手为
绘有障壁画的凹间台板，其右旁为高低搁板架[2]；再右手前有四扇

----

　　① 原文为"付書院"，邻接凹间旁带窗户的空间，其固定台板兼作几案，下设地
柜。汉译有译成"固定几案"的——译者注。

　　② 原文为"達棚"，邻近凹间或凸窗设置的左右不同高度的搁板架，形似中国
多宝架。但形式要简练得多——译者注。

下槛高一层、上框低一层的隔扇门，为贵人座席。

这种书院造住宅样式较寝殿造有以下两大基本特点：

① 不见圆柱为方柱，建筑物内部采用双槽的拉门、隔扇等不同的构件分隔房间，盖有顶棚，地面铺满榻榻米。

② 主室布置成套的客厅装饰，比如凸窗、凹间台板（凹间）、高低搁板架、贵人座席等。

建筑技术的发展——从密栈上悬窗到桋条板门

寝殿造仅在建筑外侧安装密栈上悬窗这种以水平轴向上抬起的窗户，内部并无分隔房间的构件，根据需要临时设置家具组成生活场所，即所谓的室内陈设。而书院造在外侧改用桋条板门这种双槽推拉门，内部也采用双槽的隔扇拉门分隔房间。这是因为：一是适应住宅内仪式和生活样式的变化，有必要将建筑内部分隔成不同的房间来使用；二是以建筑构件为主的各种技术的进步和发展。

首先，由于建筑结构的进步，能够规整地竖立粗大的圆柱，并可以自由分隔房间，不再需要采用中央主屋、周围披屋的形式。另一方面，木工工具的发展，能够组合细小的构件，出现了拉门等。还有各地纸生产发达，开始更多使用采光拉窗。方柱取代圆柱也是因为建筑构件的变化，方柱的平衡性更好。总之，中世建筑技术或结构的重大转折，无疑是住宅建筑从寝殿造向书院造转换的重要原因。

客厅装饰的成立——凸窗、凹间、高低搁板架、贵人座席

客厅装饰由凸窗、凹间、高低搁板架、贵人座席四个要素组成，每个要素都起源于寝殿造。凸窗是为了将移动的书桌固定下来，画卷所描绘的寺院中典型的固定书桌为其原型。在寝殿造中，凹间的原型台板本来指放置在挂画轴墙壁前的木板或书桌，是鉴赏绘画时的装置。高低搁板架是寝殿造中架子和柜子的变种，是装饰香炉、花瓶等工艺品的地方。而寝殿造中的寝榻则是贵人座席的原型。这些原本都不固定在建筑中，在书院造的形成过程中被逐渐地附设在了建筑内部。

无论是凸窗、台板还是高低搁板架，在中世出现的贵族客厅中都得到了独自的发展。所谓贵族客厅，就是进行茶会、诗歌会等的社交空间，还摆放有以中国物品①为主的各种工艺品。对中世的贵族、僧侣、武士们来说，这里的聚会在政治上具有重要的意义，同时也是娱乐、社交的场所。

　　如圆城寺光净院客殿所示，当凸窗、凹间、高低搁板架、贵人座席以成套的形式设置在主室中，这意味着客厅装饰的诞生。值得瞩目的是其中已出现空间的等级表达形式。

作为会面场所的书院造——天下权势者主导的功能转换

　　之所以书院造成为武士住宅的典型，是因为织田信长、丰臣秀吉还有德川家康这些将战国乱世引向统一的权势者们起的作用非常之大，其中秀吉的作用最大。中国文化在日本中世即为教养，掌握了这种教养的信长以中国为榜样，作为夸耀自身权力的舞台装置建造了安土城天守，而其继承者秀吉所追求的并非大阪城天守，而是将重点放在了御殿即大客厅上。在此举行的会面，是武士社会确认身份关系的仪式。较信长和家康，出身并不高贵的秀吉为了统治全国大名，十分需要的就是会面这种仪式，而恰到好处的舞台装置就是书院造。近世书院造是中世住宅变化的集大成者，至此住宅发生了重大的质的转变。西本愿寺御殿、二条城二之丸御殿等典型书院造的豪华绚烂，都是致力于统一的近世权势者炫耀权威的舞台装置，这样，方能理解其样式和表达形式的意义。

日光东照宫建筑

人气超群的日光

　　常言道："没看过日光，不要说漂亮。"同样意思的说法在其他世界各地的观光胜地也有，比如"不到那不勒斯，死也不瞑目。"但日光很早以来就有这种说法，可见其作为日本屈指的观光胜地之

---

　　① 　原文为"唐物"，指从中国等国家输入的陶瓷器和纺织品等物品的总称——译者注。

人气。据说日光是东京小学修学旅行的第一选择。而在京阪据说是伊势神宫,伊势神宫是供奉幕府最大抗衡势力天皇家祖先的神社。日光也好伊势也罢,分别离东京和京阪不太远,在距离上是个恰到好处的观光胜地。东面日光、西面伊势,东西意识分明,从历史上看颇为有趣。

无论怎么说,日光之所以有如此高的人气,说到底是因为有以东照宫为主的建筑群。其豪华绚烂的色彩吸引着人们,但相反也被说成"土豪金"趣味、恶俗设计的典型等。下面我们一起来看看日光。

日光东照宫的成立

所谓日光指的是,德川幕府第一代将军德川家康祠堂的东照宫、祭祀第三代将军家光的轮王寺大猷院以及日光古来以二荒山神社为主的寺院神社群。二荒山是男体山别名,原为山岳信仰的圣地。因普陀落信仰的"普陀落",称之为二荒山,又因其音读为"nikousan",变化后读成"日光(nikkou)"。

东照宫本殿外观
建筑的基本样式为禅宗样,屋檐下布满斗拱,涂漆、镶嵌金属构件,装饰富丽豪华。

东照宫本殿石之间

右手为本殿，左手前为拜殿。上弯支条格子顶棚，本殿正面的台阶上并列着装饰门，斗拱、大月梁等热闹非凡。

东照宫阳明门外观

因为太过漂亮了，看着看着黄昏将至。旧时就以"终日之门"而闻名。

1616 年(元和二年),在骏府城去世的家康遗骸曾一度下葬在骏府郊外的久能山,翌年建日光东照宫后在此祭祀。据说家康生前虽没到过日光,但曾对他的幕僚本多正纯、天海、崇传留下遗言:"遗体存放在久能山,葬礼在增上寺进行,牌位立在三河的大树寺,一周忌过后,在日光山建小堂迎接。这样,我就成了守护关八州的镇守。"是他自己选择了百年后的日光。据此,家康是将日光看作关东的中心、统辖日本的关键要地。

现今东照宫的建筑基本上是元和年间东照宫的重建,工程庞大,完成于 1634 年(宽永十一年)至 1636 年。这期间 1632 年(宽永九年)第二代将军秀忠去世,第三代将军家光即位,但毕竟是幕府势力最为稳定的鼎盛期。而且据说为营造日光,投入了家康留下的军备资金一半以上。宽永营造由幕府作事方大栋梁甲良丰后守宗广担任总指挥,动用了画工、金工、漆工等当时美术工艺顶尖的工匠。换言之,这应该是德川幕府历史上最高级的建筑。

东照宫的建筑群

日光的中心依然是东照宫。在其中心本殿与朝拜者的拜殿之间,以低廊状的石之间连接,这种形式称为权现造(又称石之间造)。(家康死后,神号不是明神,而是根据天海的提议,依据山王一实神道封为权现,称家康为权现样,进而称东照宫形式为权现造)。整体布局呈"工"字形平面。

这种形式的社殿,在平安时代就已出现,比如祭祀菅原道真的京都北野天满宫。时代近的也有安葬 1598 年(庆长三年)去世的丰臣秀吉的丰国庙。从厌恶丰臣影响的德川也采用这种形式来看,这种形式自北野天满宫以来,作为祠堂建筑已经普及。权现造又称八栋造,屋脊交错,外观豪华,这些也是主要的理由。

总之,它基本上属于神社的形式。从伊势神宫、出云大社等日本传统的神社建筑来看,这种豪华的装饰无疑是相当的异质。

建筑整体上以黑漆、金箔、白胡粉为基调,施以花纹雕,安装有各种雕刻和金属构件,其他还使用了镶嵌工艺和莳绘,可以说是极尽奢华地驱使了所有的工艺美术。与其说是建筑,倒不如称其为工艺品殿堂,无处不见工艺技术之精华。

东照宫正面卷棚博风门
白胡粉打底，上面布满色彩斑斓的雕刻，华
丽匹敌洛可可家具。左右柱上雕刻升龙和潜龙。

正面的卷棚式博风门，正上方施以源于中国故事的人物雕刻，由紫檀等镶嵌而成。其前面是有名的阳明门，回廊上开三间一门的楼门，采用的是寺院神社建筑最基本的斗拱形式，这种形式是镰仓时代从中国传来的禅宗建筑专用的禅宗样手法。不过这楼门最具特色的是雕刻装饰，构成斗拱的飞昂和梁头等的端部都因雕刻变形，构件的表面施以圆雕、透雕，各种纹饰的雕刻几乎布满了所有的建筑构件。

日光东照宫的装饰

日光东照宫建筑这种装饰的过度、多彩，不仅在神社建筑中，就是在古往今来的日本建筑历史上也是相当异质。为此，也有认为这是恶俗设计的典型，这究竟指的又是什么呢？

首先装饰的主体和表现手法本身都是非常中国化的。但是，从某种意义上说中国文化的影响是贯穿整个日本建筑的特点。信长的安土城也深受中国建筑的影响。日光东照宫接受的方法却不同于以往。这一时期，中国正值明朝过渡到清朝的交替期，而日光东照宫所接受的并非中国建筑的结构部分，而是吸收了其浓重的装饰部分，这是其最大特点。而且，还以日本精致的工艺技术进行了消化，这便是日光的装饰，也是近世社会所追求的。简言之，即现世的、民众的文化。换言之，这是对美好的、易懂的美丽引发的共鸣，对光耀绚丽的向往。这是一种精神上的健康。从某种意义上说，统治者、民众共通的精神追求便是近世初期社会的写照。

因此，一旦这种建筑装饰作为东照宫样式成立后，谁都不会去想这是中国趣味，进而在江户时代中期以降得到了广泛的普及。尤其在关东、东国的乡乡村村，本来就缺乏中世以来的建筑文化传统，于是，接二连三地建造起称之"满舰饰"①这种异常装饰的神社和寺院。的确，从现代主义的目光看这些建筑，或许可以说是过度装饰，同时也存在辟易权势跋扈的苦衷。我们不能不加分析地赞美这种装饰，但必须看到江户时代的人们通过热情洋溢的装饰，找到了自身所追求的生命的光辉。

桂离宫与日本的建筑文化

桂与日光

堪称与日光东照宫比肩的是建于近世初期的著名建筑——桂离宫。以"桂与日光"说法将日光东照宫和桂离宫相提并论，多因为两者几乎是在同时期的十七世纪中期建造的，但成立背景和建筑的表现形式却存在如此之大的反差。当然，人们对这两处建筑的印象也截然不同，日光东照宫是小学修学旅行的目的景点，是一座大家买票就能观看的大众性建筑；而桂离宫必须是二十岁以上的大人事先申请获得许可后方能在指定的时间参观，可谓向少数精英开放的适合知识阶层的建筑。

---

① 原为军舰仪式之一，节庆时，停泊在港口的军舰上挂满信号旗和军舰旗以示祝贺。这里表示装饰奢侈、华丽——译者注。

继日光东照宫后，这里以另一典型的桂离宫为例，考察日本建筑文化中桂离宫所具有的意义。

桂离宫的建筑结构与成立过程

桂离宫位于京都西南郊外的桂川河畔，是作为八条宫家的别墅而建造的。平安时代以来，桂地作为名胜地十分有名。在江户时代，自京七条大宫经西面龟山通往山阴的丹波街道就位于桂川的北面，因为离桂川和宇治川交汇点的淀不远，为交通、流通的要冲，也是八条宫家重要的领地。现今占地约七万平方米，为竹林、杂木林和农田所包围，中央部分是庭园，以三座大小中岛组成的复杂地形的园池为主，还布局有各种建筑，建筑群保存状态良好，管理有序。

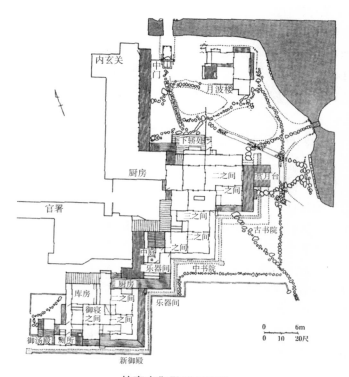

桂离宫御殿群平面图
由环绕檐廊、铺满榻榻米的房间组成，古书院、中书院、乐器之间、新御所等呈雁行排列。

建筑中心为御殿群,在池西平坦部按古书院、中书院、乐器之间、新御所顺序呈雁行排列。干栏式建筑,从池侧望去,深深的屋檐下,其柱子清晰可见,隔扇门、木板拉门、白色灰泥墙壁相辅相成,古书院正面的山墙屋顶和中书院、新御所缓缓起翘的木瓦屋顶连成一片,使得御殿外观既有连续性又有变化。

自园池望桂离宫御殿群的景观
干栏上隔扇门连着白壁,木瓦屋顶的优美曲线与周围的自然相得益彰。

园池周围布局茶屋,古书院之北为月波楼,池东设松琴亭,南端配笑意轩,中岛上筑山,山顶上有茶屋赏花亭,山麓置持佛堂的园林堂。其他处还因地制宜地布局亭、石灯笼等各种庭园设施,采用假山、花卉树木造成视线相互不对焦的巧妙趣味。

1976 年(昭和五十一年)至 1982 年实施了桂离宫大修,从而弄清了以往不太清楚的御殿建筑过程和建筑年代。据此,八条宫第一代主人智仁亲王的营造始于 1615 年(元和元年)前后,第一期工程截止 1624 年(宽永元年)前后,在此期间建造了古书院。智仁亲王过世后,第二代智忠亲王时代的 1641 年(宽永十八年)至 1649 年(庆安二年)前后为第二期,增筑了中书院并对古书院进行部分改造以求两者的统一,还增设了西侧附属设施,别墅形态大致完成。

新御殿一之间上段
凸窗使用大胆的梳子形窗户加之多彩的材料,袋状凹间、搁板巧妙组合,故有华丽的"桂棚"之称。

月波楼
露明顶棚的开放式空间。不仅是茶会场所,而且还是观赏庭园的观赏点。

其后，在 1663 年（宽文三年）为迎接后水尾上皇的巡幸，增筑乐器之间和新御所，并对古书院、中书院进行了部分改造，还增设了厨房等附属设施。第三期工程拆除了第二期时所建的茶屋，建造了现今的松琴亭、月波楼等茶屋建筑。

桂离宫以多彩的建筑、精湛的日本庭园以及两者完美的结合而著称，而这并非同一时期建造的，经历八条宫第一代主人智仁亲王、第二代主人智忠亲王父子二代长期不断地增筑改建方才完成的。

桂离宫样式——数寄屋式书院造

通常称桂离宫古书院、中书院、新御所等中心部分的建筑样式为数寄屋式书院造。如前所述，书院造是近世武士的住宅样式，数寄屋指的是茶室。所谓数寄屋式书院造，即为采纳茶室要素的书院造。用拉门、隔扇分隔铺满榻榻米的房间，其平面结构基本上跟书院造一样，所不同的是其内部的意匠。数寄屋式书院造也简称为数寄屋造，其特点如下：

① 柱子采用圆木或留有树皮的材料如面皮柱，省略夹板条，即便用的话，也使用半圆木或带树皮的材料；

② 墙壁为土墙，即便使用书院造那样的贴纸墙壁，也不绘障壁画；

③ 并非如书院造那样固定布局凹间、高低搁板架、凸窗；

④ 高低搁板架、楣窗、装饰性钉帽、隔扇拉门拉手等的设计和建筑用材多种多样。

换言之，由于在表现身份等级的书院造中加入了茶室那样的自由轻松或简朴的要素，使建筑本身发生了质的重大变化。

作为数寄屋式书院造典型的桂离宫御殿群，其建造时期不一，意匠各异。最早的古书院是一座标准的书院造，中书院使用面皮柱，加入了不少的数寄屋式简朴的意匠。新御殿以有名的桂棚为主，还有凸窗、凹间上框、楣窗、夹板条到细部的装饰性钉帽、隔扇拉门拉手等，技术精湛，意匠华丽。

桂离宫与日本的建筑文化

1933 年（昭和八年）来日的德国建筑家布鲁诺·陶特在其著作

《日本美的重新发现》中写道：日光东照宫是名不符实的建筑"假货"，而桂离宫却是古今东西的最佳建筑。针对桂离宫，某些否定装饰、追求新造型的近代建筑师往往给予了过高的评价，将其与日光东照宫的对比或评价的影响甚至波及至今。但这不单单是设计的问题，比如建筑和庭园的维持管理到位，整体建筑体现出各自的个性和意匠，同时相互协调、十分洗练等，这些都成了桂离宫博得好评的理由。

但在进一步思考桂离宫于建筑史上位置时，有必要考察数寄屋式书院造的成立过程。换言之，桂离宫的基础源于中世作为武士文化而成立的书院造，而书院造又源于古代的寝殿造；之后又有以千利休为代表的茶人们的茶室建筑的影响，而茶室又是茶人们对民众住宅民居的取舍升华。另外，八条宫这位继承王朝贵族谱系的高雅人有幸取得桂这块景胜宝地，又肯费时费力费财，从而造就了今日的桂离宫。总之，桂离宫同时巧妙地组合了王朝贵族、中世武士还有民众等各自所具有的日本传统文化的要素。现今的我们之所以对桂离宫为代表的数寄屋式书院造的表达形式产生共鸣，并作为和风住宅样式来继承，就是因为它具有这种历史和文化的背景。

近世民居的成立

作为近世庶民住宅的民居

我们称呼近世的庶民住宅为民居，常常用来与统治阶层武士住宅的书院造作比较。当然，无论哪个时代，庶民的住宅总是最多的，但能够上溯到中世的庶民住宅在现实中却没有留下。进入明治以降的近代，建筑的建造方法发生了很大的变化，要从建筑中具体考察传统庶民居住样式的话，民居是最合适不过的了。民居大致可分为农村的民居和都市的町家，在这里，选择农村的农家作为民居代表来考察，因为其数量是绝对的多，而且实质上支撑了近世社会。

民家散见于日本全国，因地域不同各具特色。这里以川崎市日本民居园中移建复原的旧北村家（建于 1687 年、贞享四年，原址神奈川市，国家级重要文化遗产）为例作一考察，先来看看其主屋的建筑特点。

旧北村家正面外观

　　面朝院落的外观，在移建日本民居园时，复原了封闭式外观，特点是多土墙和木板拉门以及茸草屋顶、屋檐低等。

旧北村家内部

　　以地炉为中心，泥地房间的厨房和铺板房间的大房间合二为一组成大空间，这里是大房间型平面的中心，一家人日常生活的场所。

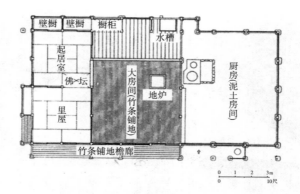

旧北村家复原平面图

从平面图看,日常生活场所的厨房和大房间占了主屋的大半,且生活功能完备;以间壁为界,铺榻榻米的里屋和起居室为非日常的场所。

外观如照片所示,茸草的四坡顶,屋檐很低,以土墙围绕,整体封闭。面向院落的正面中央为格栅窗,左手有隔扇门和木板拉门的开口部,右手见大门。进入正面入口的大门后,有称之厨房的泥地房间,其一角设灶头。面朝泥地房间的叫大房间,大部分为竹条铺地,里侧铺板。厨房和大房间之间没有分隔的构件,近中央放置地炉,可见整体被看作一个大的房间,占据了主屋的大半。大房间的最里面是铺榻榻米的里屋,用间壁分隔,设有凹间和佛坛,邻旁连着铺榻榻米的封闭型起居室。没有顶棚,厨房和大房间的顶部为支承屋顶的梁架结构,纵横交错,为意匠上的精彩之处。

旧北村家住宅所代表的民居建筑样式与书院造之间的不同点如下所示:

① 围以土墙,开口部少,整体上呈封闭状态;

② 室内泥地房间多,连接泥地房间的铺板房间有地炉;

③ 不设顶棚,建筑构件材料露在外面;

④ 独栋主屋建筑内部就寝、饮食等生活功能一应俱全。

那么,这种完全不同于书院造的民居形式,在日本住宅史中具有何种意义呢?为了思考这个问题,让我们再看一下民居的房间布局或平面类型。

从大房间型平面到田字型平面

在现今所见民居平面类型中,数量最多、分布最广的是田字型房间布局。所谓田字型,即除泥地房间以外的铺板房间恰好如"田"字型,将平面分隔成四个房间,这在民居研究者之间称之为"规整四间房布局"。在民居最为发达的十九世纪后半期的幕府末期至明治这段时期,这种田字型平面普及到了日本全国。不过,实际上民居中田字型平面的成立时期并不很早,在近畿地区可追溯到近世初期,除此之外的地区最早不过十八世纪中期。这是因为现存的所谓田字型平面,根据其留在建筑上的改造痕迹复原成以前形式的话,大多曾为大房间型平面,在全国各处发现有许多这种事例。

所谓大房间型,即面向泥地房间存在被称之大房间的房间布局,旧北村家所复原的房间布局以大房间为中心,铺板房间有三间房间,因而称之"大房间型三间房布局"。旧北村家在移建复原前,也将面向泥地房间的大房间用间壁分隔成前后两间,改造成了田字型平面,可以说是从大房间型平面改造成田字型平面的典型例子。然而,为何要进行这样的改造呢? 原因是农家生活样式的变化,在功能上出现了将大房间分隔成正面和内部的需要。这种改造的时期,关东地区大致在十八世纪以降。当然,在之后新建的民居从一开始就采用了田字型平面。换言之,十八世纪后半期至十九世纪这段时期,在日本列岛的大部分地区,发生了从大房间型平面向田字型平面的重大转折。

所有的房间布局都以田字型为目标

另一方面,以大阪平原为主的近畿地区中心部及周边地区的民居状况却大不相同。仅从遗构来看,近畿地区在近世初期就已有田字型平面,而且原型并非大房间型平面,其先行平面可能是"前客厅三间房布局"。

所谓前客厅三间房布局,称之客厅的大房间并非面向泥地房间,而是面向正面院落布局。这种房间布局分布于近畿地区的周边地区,比如有"千年家"美誉的中世重要民居遗构就采用这种平面布局(参阅"中世的庶民住宅")。换言之,用间壁从前面分割前客厅三间房布局左右正面的话,房间自然成了田字型平面,在经历不同于大房间型平面的演变过程后,田字型平面得以成立。

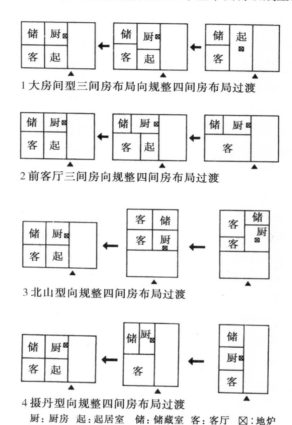

1 大房间型三间房布局向规整四间房布局过渡

2 前客厅三间房向规整四间房布局过渡

3 北山型向规整四间房布局过渡

4 摄丹型向规整四间房布局过渡

厨:厨房 起:起居室 储:储藏室 客:客厅 ⊠:地炉

民居房间布局的变迁模式图

在近畿地区,近世前半期除大房间型三间房布局以外,还有前客厅三间房布局、山墙入口的北山型、摄丹型等,形式多样,富有变化。但在近世后半期,所有房间布局都归纳到田字型平面。

在近畿地区,除前客厅三间房布局以外,还有北山型、摄丹型等非大房间型特点的房间布局的存在。如变迁模式图所示,近世中期以降,几乎所有的房间布局都归纳到了田字型平面,这一事实十分有趣。

幕藩体制社会与近世民居的成立

虽说地区、年代以及发展过程各有不同,但民居的平面最终都归纳到了田字型平面,这意味着什么呢? 要弄清这个问题,必须思考民居与所处的整个近世社会变化的关系。这里需指出的是,由于田字型平面的诞生,确保有凹间的客厅和连续客厅的趋势几乎成为一种共识。换言之,对于民居主人的农民来说,需要有作为村共同体成员间聚会的场所,即有凹间的连续客厅,这是主要原因。

总之,重要的是在近世由于地区或社会阶层的不同,民居虽然也曾呈现出多种多样的变化,但最终还是形成了一种不同于武士住宅书院造的共同的住宅样式。换言之,民居与书院造这种以适应幕府体制社会统治而成立的建筑形式属于完全别样的谱系,而且在样式、平面上民居有着共同的内容。这种住宅及其居住文化在保持多样性的同时,普及到了整个日本列岛,在近世日本社会中其意义十分重要。

近世民居的地域特色

作为地区文化的民居

前面我们以平面(房间布局)为主要线索考察了近世庶民住宅——民居的成立过程,特别强调了在日本列岛各地普及了具有共同内容的田字形平面建筑形式。在此,说一下民居的另一重要因素——外观,通过它来看民居的地区特色。

民居在各个地区都具有独自特色的外观,这很早为人所知。民居研究就是以速写等方法调查收集各地民居有特色的外观开始的。随着民居研究的深入,多以当地地名来命名这些具有特色的外观,比如南部的曲家、飞驒白川的合掌造、信州的本栋造、大和的大和栋等。那这些民居外观所体现的地区特色,又是何时、怎样成立的呢? 对于各地的民居来说,这些特色又有何种意义呢?

首先,这种称之为地区特色的内涵大致可分为两种:其一是可以从气候风土或生活产业等地区独特的条件说明其成立经纬的,暂且称之为风土型特色;其二不能从地区独特的条件加以说明的,因为所表现的是地区内各家族的门第和身份,暂且称之为身份型特色。这种身份型当然仅限于地区内一部分民居,而风土型却普及至地区内多数民居。下面来看它们各自的典型特色。

风土型民居的地区特色

　　风土型民居的典型是南部的曲家。所谓曲家如字义所示,屋脊非直线,呈 L 字形弯曲的建筑物,平面为钩子型。其他地方也见有这种形式,但南部曲家的特点是相对主屋,在突出的部分建马厩,人、马同居在一个屋檐下。南部地区自古为马的产地,这也与近世南部藩奖励饲养马的政策有关,为了在气候寒冷、多雪的冬天更好地照顾好马匹,于是采用了这种形式。换言之,是适应南北地区独特的气候风土条件产生的形式。实际上,南部曲家形式的成立年代意外地近,从其结构的发展过程看为十八世纪后半期以后的事。

南部的曲家
菊池家住宅(岩手县远野市)主屋栋分人居住的部分和马厩,马厩位于拐角处入口的突出部分。

分布在飞驒白川村、越中五个山等庄川流域的大规模合掌造，也因为与大家族制度等的关系，曾被认为是中世以来的古旧形式，但根据文献研究和结构分析来看，其成立年代并不很早，应该是进入十八世纪以后的建筑。合掌造在一个大屋顶下有二层、三层的屋顶层，利用屋顶层作为蚕室养蚕是这种形式产生的主要原因。

可以说养蚕是给予民居形式以直接影响的最大产业，近世后期至明治这段时期，在养蚕盛行的关东至东北地区可见有许多用于养蚕的民居。

飞驒白川村的合掌造

整个村庄由大小合掌造组成，村内阶层与合掌造大小并无实质关系。

有关东地区常见的兜造形式，即拆除部分茸草四坡顶后形似头盔而得名，目的在于蚕室的通风和采光；也有山梨县甲府盆地东部的押上屋顶，即提升部分屋顶的形式。

除这些近世后期结合地方产业出现的特色民居形式以外，还有保持自古以来的风土型特色的民居形式，比如分栋型。所谓分栋型，即炊事用火的"灶头间"不与主屋栋在一起，另行搭建的形式，其广泛分布于西南日本至关东地区的太平洋沿岸。这种分栋型的成立过程尚不甚明了，但同系统的建筑方法也见于冲绳及其以南诸岛，而且对火都具有独自的信仰，从这些共同点可以认为，就大而言是黑潮文化圈的民居形式，即一种大规模的风土型民居。

门第型民居的地方特色

门第型民居的典型为以松本近郊安昙平为主的长野县本栋造。其外观特点是，屋顶茸板、坡度平缓，山墙正面为大型博风，有十分惹眼的脊饰。规模大,正面入口有迎接客人用的台阶板装饰,设书院客厅,设计上的特点是强调正面性。有实力建造这种本栋造主屋的主人仅为出自中世以来望族谱系的上层地主,谓之"御馆"。而其他农民一般的住宅规模小,屋顶茸草、四坡顶、檐墙处入口。换言之,本栋造的表现形式带有向村中其他普通农民炫耀门第高贵的意味。

安昙平的本栋造

堀内家住宅(长野县盐尻市)在外观上,不仅正面中央设时髦的山墙装饰,而且平面上面阔、进深均为十间,规模宏大为其特点。

这种民居形式以山墙为正面,通过强调山墙和博风来体现门第,分布于山形县至秋田县日本海沿岸的中门造,以及摄津和丹波的摄丹型等均属这类形式,体现了继承中世以来武士谱系的上层农民的门第。

而分布于大和、河内地区的大和栋(也称高塀造),主要通过抬高主屋中央栋来体现门第,成立年代也不太久,为十八世纪以后的事。

这些门第型民居在成立时期仅限于村中极少数最上层的农民

大和、河内的大和栋（高塀造）
　　吉村家住宅（大阪府羽曳野市）的外观特点是，通过在屋顶中央部抬高茸草栋露出双坡顶的山墙。

家族，但其特色随着时代的变迁逐渐模糊，下层农民也开始使用。这是因为村落内中世以来的御馆等统治阶层徐徐没落，新兴农民力量抬头，他们踏袭这一形式而建起了同类建筑。

农民的近代化与民居形式

　　这样看来，通过民居的外观特色，我们能够从中了解到许多一般庶民的生活状况。这些不仅是为了适应气候、风土的日常生活，而且更重要的是基于社会阶层关系的历史形成。因此，有必要重视民居外观上所印刻的一般庶民的生活烙印。

　　遗憾的是这种以外观上地区特色为主的民居调查，成果还远远没有体现在历史研究之中，何谓特色尚有不明之处。但随着包括农村近代化在内的，日本社会的巨大变化，传统的民居正急遽地从日本列岛消失。从保护文化遗产出发，保存有地区特色的民居，比如门第型特色民居无疑十分重要，但那些没有特色，即所谓普普通通的民居也具有重要的意义，包括这类普通平凡的民居在内的一揽子保护仍是当务之急。

大店与里长屋

江户的发展

1590 年(天正十八年),德川家康进入江户并着手建设城下町江户,至第三代将军家光时代的 1638 年(宽永十五年)前后基本完成。江户城本丸耸立着五层天守,外壕围绕江户,赤坂、四谷、市之谷等城门外还配备有岗哨门。在描绘当时江户的《江户图屏风》中,展现出空前繁荣的近世都市江户的景象:江户城周边建有豪华壮观的武将住宅,入口大门的装饰奢侈;以日本桥、京桥为中心的町地,町家建筑鳞次栉比,三层望楼象征华丽。

但是,建城不久的江户却在 1657 年(明历三年)的明历大火中化为灰烬。江户城天守以及豪华的武士住宅、繁华的街景最终未能重建。不过,这次明历大火却给整个城市带来了扩大和发展的绝好机会。都市的范围原先仅限于外壕一带,后一下子扩大到周边地区,芝、麻布、赤坂、四谷、牛达、小石川、浅草以及墨田川东岸的本所、深川等都划入江户的范围。之后直至幕府末期,江户没有发生大的变化,可以说明历大火后的扩大规定了江户的版图。

虽然江户的扩大、发展的直接原因是明历大火以及其后幕府的规划,但实际大背景是十七世纪后半期生产力的发展促使了全国性商品流通的活跃,在江户却是有赖于担任商品流通重任的町地的发展。那町地又建有什么样的建筑呢?

现金甩卖、货真价实

在江户初期,常设店铺尚不十分发达,不少商人租用大型町家的披屋开店,或几人合租临街的建筑分割后开店,即所谓表长屋形式的店铺。总之,基本上都是些面阔不足二间的零散店铺。但在明历大火后,随着江户的发展,店铺的形式发生了大的变化。

1673 年(延保元年),三井越后屋的创始人三井高利在江户本町一丁目开出了面阔九尺的吴服店(绸布庄)。当时的江户一丁目、二丁目都是些经营高级绸布的江户初期老铺,生意十分兴隆。

而高利打出的却是新的经营手法，即"现金甩卖、货真价实"，霎时崭露头角，引发轰动。不赊账、现金交易、薄利多销、在店头直接买卖，这些就现在看来理所当然的生意经却是当时高利的首创。高利获得成功是多方面因素造就的，他不仅经营手法新颖，而且还在京都开设采购店，并对营销组织本身进行了改造等。不光对一部分武士和上层商人做生意，还面向集中在江户的庞大的消费人群，因而买卖大受欢迎。

　　然而，在老铺的绸缎商人聚集的本町，这种生意经却引发反感，遭到了各种抵制，十年后的1683年（天和三年），高利不得已在近邻的骏河町买地移店。之后，在十七世纪末江户扩大和发展的元禄时期（1688—1704），三井吴服店也得到了顺利的发展，并扩大了店铺的规模。

大店的成立

　　这一时期店铺的发展经过尚不清楚，但到十八世纪初期的享保年间（1716—1736），以三井越后屋为主，大村白木屋、下村大丸、富士大黑屋等绸缎商人的大型店铺，即所谓的"大店"接二连三地出现在日本桥一带的江户中心街区。

骏河町越后屋吴服店大浮绘（奥村政信画，享保年间）
描绘大店内部最早的绘画，在了解十七世纪末至十八世纪初风俗的同时，也可知晓店内绸缎的买卖场景。（株式会社三越藏）

骏河町三井越后屋兑换店图（锹形蕙斋画，文政年间）
十九世纪成熟期的大店外观，邻接吴服店的兑换店为土藏造，夸张的脊头瓦和大型屋脊以及大型招牌特别醒目。（三井住友银行藏）

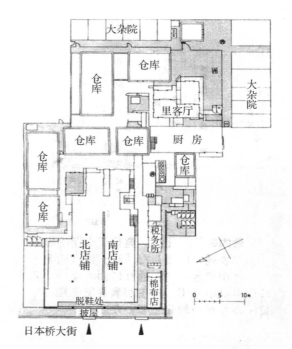

大杂院

仓库

仓库

大杂院

里客厅

仓库　仓库　厨房

仓库　仓库　仓库

税务所

北店铺　南店铺

棉布店

脱鞋处
披屋

日本桥大街 ▲　　▲

0　5　10ｍ

通一丁目的大村白木屋吴服店平面图（文政时期）
自通一丁目直至背后的平松町都为白木屋的店铺平面。内部分南北店铺，围以仓库。最里面是客厅，巷里还见有大杂院。

这种大店的特点是面阔十间以上、进深至少二十间，非常之大；还有像通一丁目的大村白木屋之类更大的店铺。穿过临街悬挂的布帘进入店内，首先是宽度一间左右的披屋和脱鞋处的泥地房间，再里面是铺着榻榻米的商品卖场，基本上都是这样的布局。不像近代商店商品是陈列摆放着的，而是由主管询问客人的需要后，吩咐伙计去里屋的仓库中拿出绸缎给客人看。也有在店里屋为客人缝纫加工的买卖。因此，要接待众多的客人，就需要不少的伙计，从描绘越后屋店铺的浮世绘可以看出，店中有不同阶层的客人和他们的侍者、主管和小孩、倒茶的服务员等，呈现出繁荣的景象。这情景就好像近代的百货店，而实际上日本具有代表性的百货店，比如三井越后屋、大村白木屋、下村大丸等多为江户时代繁荣的吴服店，也可以说大店是百货店的前身。

另一方面，大店所营造的都市景观也十分重要。从三井越后屋的外景图可以清楚看出，大店多位于大街十字路口的街角上，位置十分醒目。江户时代的街景并非都是大店这类豪华町家鳞次栉比的景象，大多应该是朴素的普通町家。不过，明治以降，比如在川越、佐原等都市建起了江户风格的街道，大店风格的外观，更多的是模仿大店的土藏造①。换言之，大店才是代表江户都市景观的标志。

临街的店铺与巷里的大杂院

大店是在你死我活的激烈竞争中发展壮大的，自然也有竞争失败破产的商人。实际上，临街大店的大半面阔三、四间，进深五间的规模就足够了。江户市街最小单位町住宅的面阔五间至十间不等，而进深却有二十间。因此，临街建进深五间左右的町家的话，还有十五间的空地。于是，地主就利用这部分，建房后租赁给靠自力建不起房的居民，这就是所谓"里长屋（巷里的大杂院）"。

在江户，里长屋何时起开始普及的，这不太清楚。江户城镇人口在十八世纪初约达五十万人，其建筑方法考虑到土地的有效利用，同时还根据市街住宅的面阔，比如三间的话一列，五间的话二

---

① 木骨架土墙结构，如仓库那样四面涂以灰泥，坚固耐火——译者注。

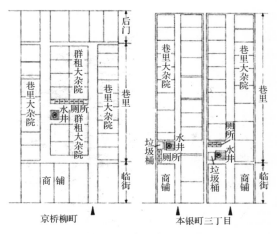

市街住宅内的房屋布局

通常是进深二十间的市街住宅,临街的"表(正面)"可以开店,
而背街的"里(背面)"不开店,由地主建里长屋出租。

列,七间的话采用"栋割长屋"①形式,连长屋的布局也做到了类型
化。里长屋居民使用的公共水井、公共厕所、垃圾箱也集中设置在
临街的店铺与巷里的大杂院的分界处。换言之,作为地主而言,总
想尽可能地增加收入,在土地利用上做到了寸土必争的地步。

　　总之,江户的大店和里长屋,在建筑上体现了江户市街表里两
极的实际状况。假如说大店发展成为了后来的百货店,那里长屋
就是现今木结构租赁公寓房的前身。

戏园子世界

热闹的初期江户市街

　　在《江户名所图屏风》所描绘的近世初期宽永年间(1624—
1643)的江户中,左对屏画的是海面上航行中的船只和堤坝内中桥
附近一带等代表江户市街的热闹场景,有歌舞伎戏园子、木偶剧和
杂技棚、杨弓游戏场、澡堂等。宽永时期的江户正值填海造地的市

---

　　① 用间壁分隔数间房杂居的大杂院——译者注。

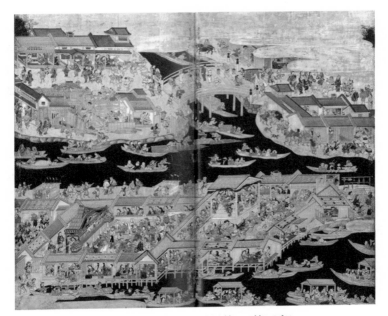

江户名所图屏风（左对屏第三、第四扇）
描绘有少年歌舞伎戏园子以及木偶剧和杂技棚等各种游乐设施,为此屏
风画中最具庶民活力的场景。（出光美术馆藏）

街建设时期,而水滨地段常常是最先得到开发的,既是都市的周边
地区,同时也是游乐的场所。

这里所描写的四处房屋形态相同,都有高高的望楼,四周围以
看台,在正面池座的一角见有舞台。茸瓦的卷棚式博风的木偶剧
舞台看上去很是漂亮,其他是用四根柱子支承的双坡木瓦屋顶的
屋棚,像是继承了中世以来能舞台的形式。观众在铺有毡垫的池
座或周围的看台上边吃着东西边观赏着表演。当然没有顶棚,从
建筑视角来看,至多是比临时搭建的屋棚好一些的建筑。同样的
戏园子在描绘近世初期京都的《洛中洛外图屏风》等各种风俗画中
的形态基本相同,说明这一时期随着都市的发展,戏剧作为都市文
化十分繁荣。

都市的发展与戏园子

位于江户初期填海造地的中桥附近的戏园子,不久移建到了
堀留町壕沟外的堺町。在这里与旧吉原为邻,当时此地在江户属

相当偏僻的地方,之后又在明历大火发生前迁移至浅草。在吉原迁移后,戏园子留在堺町继续着演出生意,最终于所谓天宝改革时的 1842 年(天宝十三年)被命令迁移至浅草猿若町。笼统地说,伴随都市的扩大和发展,戏园子与烟花巷一起被迫不断向城郊迁移。

不仅是江户,京都、大阪和各地的城下町等近世都市也完全一样,戏园子作为庶民的娱乐场所生意兴隆,但共同的命运是都被迫建在城郊的偏僻地区,建在名曰新町、新地等新开发的地区。以此为背景,在戏园子的周边还有称为茶屋的茶棚等各种设施,主要用来服务看戏观众。除唱戏的以外,还有各种表演,作为戏剧一条街形成了一大娱乐中心,而就近世的都市统治者而言,绝不会容忍它们存在于都市中心。

戏园子建筑的发展

就这样,戏园子一方面与都市统治者保持着不卑不亢的关系,另一方面作为庶民娱乐场所得到了长足的发展。到了十七世纪后半期,开始使用左右开启的拉幕和歌舞伎舞台的花道(演员穿过观众席上台的通道)等舞台装置,从而脱离能舞台形式而形成歌舞伎舞台独有的形式。加之十八世纪初期享保年间奖励瓦屋顶、四面涂抹灰泥的仓库等防火结构建筑,以此为契机,戏园子采用所谓全盖形式,将整个舞台用屋顶盖了起来。及至十八世纪后半期,引入了升降装置、旋转舞台等舞台装置,从舞台中撤除了能舞台以来的博风、侧柱。还出现临时花道、前座(分隔成方形的池座)等,从而确立了近世剧场的形式。

遗憾的是,有关江户的戏园子,不要说实际建筑,就连图纸之类都没有留下。幸好许多锦绘中都有这方面的描绘,只能通过锦绘之类来推测。但由于建筑屡毁屡建,再加之为规避接二连三的幕府管制而绞尽脑汁,因而建筑时形态跟正式提交的资料多有不符,很难进行符合实际状况的正确复原。

锦绘《江户堺町中村座内外之图》刊于 1817 年(文化十四年),描绘的是当时江户三座(中村座、市村座、森田座)中村座的外观和内部。此时已不是半露天形式的临时戏园子,在谓之门面的正面建筑上盖着堂堂正正的瓦屋顶。面阔十三间、进深二十间的宅地上盖满建筑,正面屋顶上建有望楼,二层屋檐下排满了演员名、曲目等鲜艳夺目的招牌。拉客声此起彼伏,钻进便门,这里已是戏园子世界。

正面里侧的扁柏舞台设有博风,在当时属古旧的形式。左手是花道,右手是临时花道,池座部分用地板通道分隔的是前座。每个前座可容纳四五个人,是在便门处付钱即可入场的一般观众席,而围绕池座三方的二楼看台席则为上宾观众设置,他们是经由戏园子茶屋入场的。

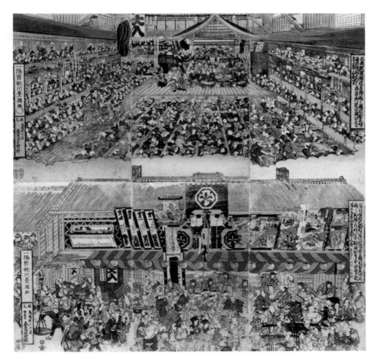

江户堺町中村座内外之图(三芝居之图)
　以大判(长 39 厘米×宽 26.5 厘米)锦绘六幅联作的形式表现江户堺町中村座的内部(上图)和外观(下图)。正面临街处形形色色的人你来我往,热闹非凡;前座和看台上观众边吃着东西边看着舞台上的表演。此图采用透视画法生动表现了庶民的样子。(歌川丰国画,刊于文化十四年、1817 年,早稻田大学演剧博物馆藏)

戏剧表演在白天举行。照明也有所谓烛火亮相的方法，即在长棒端头绑上烛台，再将蜡烛伸至演员脸前照明。但整体的采光仅靠来自看台上部窗户的自然光线，根据演出的需要可以调节窗户的开闭程度，以提高演出的效果。

另外，还有一种称之"转盘"的旋转舞台，但在这幅图中没见体现。在舞台下设称之"奈落"的地下室，还使用舞台上升降装置和称为"鳌"的花道升降装置。舞台背后是实质三层的后台，有伴奏、化妆师及作者的房间，戏班主、主角及小生、花脸的小房间，还有大房间、排练房、浴室等，演出所需的全部功能一应俱全。

这种戏园子在建筑史上的价值是其规模和结构。除一部分寺院建筑以外，面阔十三间、进深二十间的规模为江户时代最大规模的木结构建筑，不需柱子而能支承如此规模的大空间需要长八间，即十五余米的数根大梁，而且在结构上也凝聚着各种技术。

都市居民的娱乐与戏园子的传统

戏园子作为都市居民的娱乐中心在进入近代的东京时代后，逐渐为西式的剧场而取代。但是，戏剧仍具有很旺的人气，在近代发展起来的地方都市和繁华街，踏袭江户以来传统的戏园子如雨后春笋般建造起来。著名的有现存熊本县山鹿市的八千代座（明治四十三年、1910年，国家级重要文化遗产）、秋田县小坂町小坂矿山的康乐馆（明治四十三年、1910年，县级重要文化遗产）。

这里所示照片为函馆的巴座戏园子，重建于1934年（昭和九年）函馆大火后的1936年，木结构加部分混凝土结构建筑，建筑年代较新，但舞台九间有旋转舞台，全盘继承了地下室、升降装置、"鳌"升降装置以及花道等传统形式，观众席也是池座设前座，周围围以看台座。巴座在1953年（昭和二十八年）改建成电影院，在这之前的昭和二十年代是其作为戏园子的鼎盛期，剧团接踵而来，人气空前。近代以来各地这种传统形式的戏园子好多都改成电影院以求生存，但也逐渐销声匿迹。始于近代江户的庶民文化波及地方，又在当地居民中扎根形成地方都市文化，戏园子是以实物形式体现这一过程的重要史料，应该想方设法传承下去。

图说日本建筑史

巴座（函馆市）

　　重建于 1934 年（昭和九年）函馆大火后的 1936 年，是唯一留存的木结构戏园子，在日本全国来看也十分珍贵。虽然座位改成了椅子形式，通常作为电影院使用，有时搞活动时还使用舞台。遗憾的是该建筑已于 1997 年被拆除。

近世社会与寺院神社建筑

随处可见的寺院与神社

　　近来随着城市化的推进和社会的变动，虽其存在不如以往，但在城市和乡村仍有不少寺院和神社。我们大多数人的葬礼和法事多与寺院有关，而新年参拜、儿童七五三仪式、神宫参拜以及祭祀等仪式也都与神社有着关联。因此，寺院和神社建筑至今仍与我们的生活有着千丝万缕的关系。这些在日本各地每个角落都能看到的现象，其实都起源于江户时代之后。下面考察一下对日本人来说再熟悉不过的近世寺院和神社。

　　现存的近世寺院和神社大致可分为两种：一是如江户宽永寺、护国寺、增上寺和日光的东照宫为代表的由江户幕府建造的寺院神社，或与近世的权势者有关的寺院神社。二是各地城下町大名的菩提寺、受大名庇护的神社，还包括京都大多数佛教各派的本山以及出云大社、诹访大社之类自古至今有着历史渊源的神社。这些都是规模大、有名的寺院神社,现今已成为观光胜地吸引着人们的眼球。

善光寺本堂(宝永四年、1707 年,国宝级文化遗产)
东京的浅草寺、长野的善光寺自古有渊源,但并未与近世权势相结合;依靠庶民的信仰维持着大规模的伽蓝。本堂建筑为撞木造这种独具特色的 T 型屋顶形式,为本堂建筑之最。

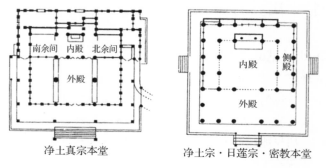

净土真宗本堂   净土宗·日莲宗·密教本堂

近世寺院本堂平面
虽宗派相异,但日本全国各地基本上由同样的类型构成。

　　另一方面,还有在数量上压倒多数的中小寺院神社,寺院方面有江户时代农工商,即农民、工匠、商人等一般庶民的檀那寺(菩提寺);神社有近世出现的村、町的镇守社以及祭祀土地神、氏族神的神社。这种所谓到处可见的寺院神社,不仅成为人们信仰的对象,而且与近世村、町的日常生活有着密不可分的关联。

近世的寺院神社建筑

寺院通常的布局是入山门寺内开阔,有本堂,邻接库里,周围还有钟楼、塔等建筑。作为中心的本堂屋顶大,屋檐由柱头上的斗拱这种寺院建筑独特的建筑构件支承着。正面中央加盖披屋作为参拜廊,周围环以檐廊,设台阶上下。内部则因宗派不同多少有些差异,但其平面结构都以供奉本尊的佛坛为中心,分内殿和外殿,人们可以进入本堂中参拜本尊。

另一方面,神社布局多为穿过鸟居(入口牌坊)后有石灯笼林立的参道,正面有拜殿,本殿藏其身后。殿外有洗手漱口处,还有神乐殿

流造的本殿(宽文五年、1665 年上梁,千叶县指定有形文化遗产,侧高神社本殿)
正面的面阔一间,故称为一间流造。根据近年的落架大修,将左手的拜殿分离,包括雕刻、彩绘在内复原了当时的形态。

以及摄社、末社等小祠堂。屋脊上架交叉长木、鱼状压脊木的本殿使用斗拱,多施以色彩和雕刻,十分豪华。本殿多与拜殿在建筑结构上相连,从拜殿礼拜本殿。

这种近世寺院神社的建筑结构基本上继承了古代、中世以来的寺院神社的传统,各个建筑样式入近世后也无大的变化。进深深的本堂形式在中世佛堂时就已成立,流造、春日造这些代表性社殿形式自古以来也没有大的变化。而重要的是所谓的寺院、神社的大众化,在全国各地,以泾渭分明的寺院建筑、神社建筑的类型化形式建造了成千上万的这类建筑,不仅是少数的贵族和大名,只要是檀越、族人,谁都可以参加其宗教活动。

从中世向近世转折

中世以前的寺院和神社的性质与近世存在有很大的不同。在

中世,有一种所谓寺社势力,即寺院和神社是一种能够与武家和工商业者抗衡的独立的政治势力。在中世末的战国时期,不仅本愿寺势力以近畿、中部地区的寺内町为据点威胁着织田信长、丰臣秀吉,而且其他宗派也具有相当大的政治势力。

所谓从中世向近世的转折过程,是大名之间的权利斗争,同时也是整个武士势力以武力凌驾于工商业者、农民等一般民众以及寺院神社势力之上,最终使之屈服的过程。在近世城下町,将寺院作为寺町布局在其周边,使之担负起城下町防御的重任,也是这种趋势的结果。

近世城下町寺町的景观(冈山县津山市西寺町)
寺院就建在城下町稍近的周边,在围墙各处开山门,见有高高的钟楼和本殿的大屋顶。这是全国到处可见的寺町景观。

不过,在这一转折过程中,工商业者和农民等民众也追求自己的信仰对象,出现了他们支持的寺院和神社。城下町内大多为被大名半强制迁移过去的寺院,但随着转折期自身势力的扩大,也出现有积极迁入其中的寺院。另在近世村落成立的过程中,作为自己的据点,寺院各宗派也在各个村落分别建造了寺院。中世各地以乡为单位建设神社,而居民又以村为单位建造镇守社以及祭祀土地神的神社,江户幕府成立后,这种动向也还持续了一个阶段。

以禁止天主教为契机建立的寺院檀越制度(寺院施主制度),即证明某人是特定寺院的施主而非天主教徒的制度,是幕府利用寺院实施的宗教管制。在近世初期的宽永年间(1624—1643),这种政策之所以十分有效,是因为这一阶段寺院作为信仰的对象与民众相结合的缘故,而幕府巧妙地利用了这一点。不过,众所周知,由于这一制度的原因,近世寺院作为民众信仰对象的意义发生了很大的变质。

作为史料的近世寺院神社建筑

那么,寺院神社建筑伴随近世社会的变化,自身又有怎样的发展? 文化厅始于 1977 年的《近世神社寺院建筑紧急调查》已告段落,有关近世寺院神社建筑的全国性状况已基本理清。

其一是一般的寺院神社建筑的建设时期高低不均,最初的高峰在十七世纪后半期,即所谓宽永、元禄时期,随着近世村落的成立,村和町争先恐后地建造寺院神社建筑。这一时期寺院神社的规模不是很大,装饰等也多朴素。而接下的高峰出现在十八世纪后半期至十九世纪,虽因地区而异,但总的来说建筑规模相当大,而且装饰豪华。在近世末期,以东国为主出现了雕刻装饰的寺院神社。

其二也十分重要,即具地区特色的寺院神社建筑非常之多。以往较中世以前的寺院神社建筑,对近世寺院神社建筑评价不高。其最大原因是,这些都以古来的寺院神社,尤其以京都和奈良为主的西日本寺院神社建筑的标准,对全国各地的寺院神社进行评价的缘故。现在在考察近世寺院神社的地区性时,有必要以不同的形式对这些评价进行重新探讨。

总之,在近世寺院神社多样性的背后,隐藏着形成近世社会的种种原因。具体弄清近世寺院神社的真相,就有可能探究近世社会成立的特质。

近世寺院神社建筑的雕刻

寺院神社建筑的装饰与雕刻

建于江户时代的寺院神社建筑清一色地见有雕刻装饰。虽说不如东照宫之豪华,但有的建筑在驼峰、梁头等重要部位上施以雕刻,色彩鲜艳;有的建筑则是柱子和虹梁整个地被雕刻,分不清原来的面貌;还有的将柱子和月梁的表面全部施以雕刻图案,即所谓

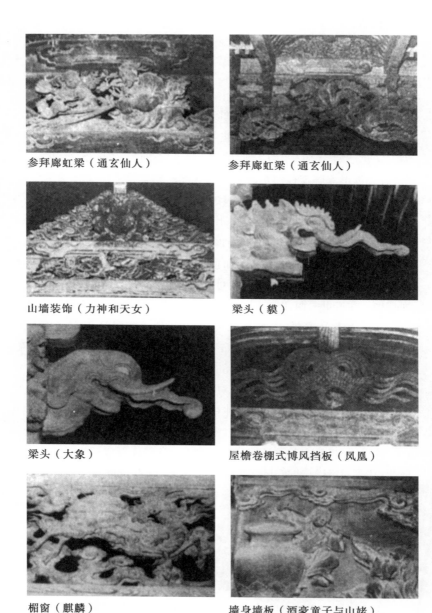

参拜廊虹梁（通玄仙人） 参拜廊虹梁（通玄仙人）

山墙装饰（力神和天女） 梁头（貘）

梁头（大象） 屋檐卷棚式博风挡板（凤凰）

楣窗（麒麟） 墙身墙板（酒豪童子与山姥）

寺院神社建筑各部多种多样的雕刻

打底图案的雕刻。当然，中世以前的建筑不是没有雕刻，但这种以雕刻装饰整个建筑，且其数量呈直线增加则是近世以后的事。

而且，近世寺院神社建筑的雕刻不单单是数量上的压倒多数，较简单、抽象的中世以前的雕刻，近世雕刻的特点是纹饰复杂，具象题材占绝大多数，比如月梁、梁头上的云形纹饰、植物纹饰之类。寺院神社正面的参拜廊上部仙鹤、凤凰飞翔，仙人、天女起舞，梁头本身化为大象、貘和唐狮子注视着香客。内部楣窗上龙、麒麟腾空飞跃。除仙人谭等中国题材的故事以外，多为牡丹、松竹梅、仙鹤、鹌鹑等日常所见的动植物。

全国各地的木工匠组织与雕刻

下面谈谈近世寺院神社建筑之特点的装饰雕刻。首先看看用于建筑装饰的雕刻是谁雕刻的？根据近世初期木工匠技术书记载，作为木工的素质除掌握尺寸比例、木材切割等建筑技术以外，还必须学会图案描绘、雕刻，雕刻也包含在木工的重要技能之内。因此，木工会雕刻不成问题，而实际上在古代的木工匠家里多藏有这方面的设计书籍，除尺寸比例、木材切割的技术书以及用于虹梁等的云形纹饰、植物纹饰等图案书以外，还有描绘唐狮子、龙、大象等图案的所谓模型本的设计书籍。当然，同样会雕刻的木工，也有优劣之分。在近世中期，从木工中分离出了专业从事雕刻的雕刻工匠。

近年来有关近世寺院神社调查的结果表明，全国各地的寺院神社的建造都离不开独特的木工组织的积极参与。比如闻名的有以岩手县陆前高田和大船渡两市为主的旧气仙郡地区出身的气仙木匠，他们以外出打工木匠而出名；下山木匠以山梨县身延町下山为根据地，在甲州一带很有势力；还有富山县砺波地区瑞泉寺门前町井波的井波木匠等。这些木匠分别掌握各流派独特的雕刻手法。与其说凭借建筑本身，倒不如说以其雕刻手艺闯天下。日光东照宫的左甚五郎传说之所以有名，是因为当时人们开始集中关注雕刻而非木工技术本身，雕刻以其一看就懂的具象形式受到了人们的欢迎。这也是近世寺院神社建筑一般化、大众化的结果。

立川流与大隅流

十八世纪后半期，长野县诹访地区出现了称为立川流的木工家族，在这之前，同为诹访地区出身的大隅流要较立川流更早地从事建筑雕刻，两者成为竞争对手。下面通过两者的比较考察当时建筑雕刻的意义。

立川流的第一代传人立川和四郎富栋是木桶工匠的次子，1744年（延享元年）生于诹访。据传年轻时闯江户于1757年（宝历七年）成为本所立川（坚川）通（街道）立川小兵卫富房的弟子，1763年二十岁时回到诹访。立川这姓和富字是师傅给他的。而大隅流的鼻祖柴宫长左卫门矩重（1747—1800）出身于诹访藩作事方栋梁伊藤家，两者形成鲜明的对照。自报江户的地名立川为姓氏，还特意强调在江户学习进修过雕刻，这无疑表明了新兴木工匠的诞生。

图说日本建筑史

诹访大社上社本宫币殿、拜殿
（天宝六年、1835年，诹访市，国家级重要文化遗产）
保留着诹访社古老的信仰形态，神社形式特异，没有本殿，弥足珍贵。此为立川流第二代传人富昌的作品，从稍远处看呈中轴布局，端庄整齐。

富栋与大隅流为争夺工作引发争论，同时又不断地扩大自己的活动地盘。现存最早的作品是建于1774年（安永三年）的白岩观音堂（茅野市），其后有诹访大社秋宫拜殿（1780年）、善光寺大劝进表门（1789年）等，再有就是营造始于1804年（文化元年）的浅间

诹访大社下社春宫拜殿
（安永八年、1779 年，诹访郡下诹访町，国家级重要文化遗产）
　　大隅流柴宫长左卫门的代表作，雕刻几乎覆盖了整个二层
建筑，具有动感。

诹访大社上社本宫拜殿阑枋上部的鸡造型雕刻
在榉树材料上雕刻具体的动植物形象，细腻生动，展现了雕刻家精湛的技术。

神社(静冈市)，他和弟子一起参与了雕刻的制作。

继富栋之后的第二代传人富昌1855年(安政二年)死于盐尻的建筑现场，享年七十五岁，这之前约五十年都在从事建筑雕刻工作，东有千叶神社，西为京都御所，其工作范围十分之广。立川流声誉鹊起是在富昌这一代。他自身除建筑、雕刻以外，还具有组织、经营能力，带领同族人和属下众多的工匠活跃在建筑雕刻的第一线。

其中一个证据是留有为设计及承包合同准备的精确的设计图(缩尺十分之一)、承包合同、建筑说明书等。将设计图与遗构作比较发现，部分形式有省略，雕刻数量也减少了许多，从中可窥见在实际施工过程中与建筑委托人之间有过种种的交涉。

建筑规模等方面在很大程度上进行了规格化施工，雕刻不是在现场制作，而是在诹访的作坊加工后现场安装。因此，在立川同门中出现了主要以雕刻获得声誉的立川富种、宫坂升敬，他们以雕刻师闻名，留下了许多楣窗雕刻、雕像、木制装饰品等作品。值得瞩目的是在明治以降的近代化进程中，立川一族为悉心从事雕刻事业，放弃了建筑业的工作。

木工技术近代化过程——从木工转身成为雕刻师

仅看立川流和大隅流留下的建筑作品，大隅流的雕刻数量多，在建筑中雕刻所占的比例也大。在雕刻本身的表现力方面也是大隅流更胜一筹。大隅流的重点是建筑骨架雕刻化，将建筑、雕刻彻底地融为一体；而立川流将建筑和雕刻分开考虑，建筑以骨架来体现，将在作坊制作的雕刻构件巧妙适宜地安装在梁柱上。因此，立川流可根据顾客的要求，选择雕刻的主题内容和预算(即金额)。换言之，它不单单工匠技艺优秀，而且根据顾客要求提供柔性的制作方法以及组织保证。这种建筑的生产方式本身或许更接近于近代的营销模式。

实际上，十九世纪前半期至后半期这段时期，是木工家族开始向现今大建筑公司发展的时期，称得上是日本近代建筑的黎明期。立川流在当时确立了最为先进的经营方式，并根据人们的需要建立起建筑生产体制，但结果却没有带来自身建筑业的发展，而转业

水上布奈山神社本殿、侧面尽头处挡板上部、龙的雕刻（宽政元年、1789年，长野县埴科郡户仓町，国家级重要文化遗产）
　　大隅流将整个建筑构件雕刻化。因此，这是种现场作业，雕刻与建筑浑然一体，极具个性。反之，不符合大多数人的爱好，需求量不大。

投身于雕刻行业，这本身具有讽刺意味。这是生产建筑这一复杂实体的方法论和体制的问题，对现代建筑业而言也是个重要的问题。

近世商家建筑的特色

町家——临街的都市住宅

　　大家都知道农村的农家是民居，但城下町等都市的町家也是民居，都很重要。町家在广义上指非武士住宅的整个都市中的庶民住宅，狭义指的是临街建造的、商人或手艺人的住宅，而町家民居通常多指这类住宅。这里我们考察的也是这类临街的住宅。

　　这类町家共同的基本特点是临街开设称为"店"的店铺或作坊。商人和手艺人担当着近世都市生产和流通的重任，他们将住宅兼作为店铺和作坊理所当然。店铺位置面对都市街道十分重要，也就是说，店铺面向街道开放，通过店铺将住宅与街道结合在了一起，即町家是与都市浑然一体的建筑，可以说这是都市住宅的重要特质。这一特点跟农家、武家住宅全然不同，农家通常在主屋前有个大院落，而武家除入口以外都以围墙环绕，主屋与街道处于分割的关系。下面我们就来考察一下商人、手艺人的住宅町家。

京町家的结构

说到町家，不少人就会联想起京都的町家。近来虽说少了许多，但在京都还有不少采用江户时代以来的传统样式建造的町家。如照片所示，木结构二层建筑，正面一层为细的凸格棂，低矮的二层用灰泥涂抹竖格棂组成虫笼窗（固定在墙上的格棂窗），几乎同种样式的町家鳞次栉比，形成了典型的近世町家的都市景观。让我们再详细看看京町家的结构。

京町家通常的正面结构
一层为细的凸格棂，二层为粗棂条的虫笼窗。一层屋檐下的防护栅栏是近代以后才普及的。

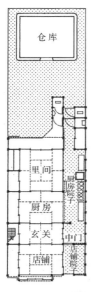

京町家典型的房间布局
　在面阔三间半、进深十五间的宅地上建房，一侧为贯通前后的通道，背面建土窑仓库。

京町家正面屋檐
　面向街道出挑的屋檐下，下垂着称之"椽头板"的挡板，设有活动长椅、凸格棂等。

　　在京都，町家的标准规模为面阔三间左右，如图所示，建筑面临街道，从一侧的入口进门后，是宽一间的泥地房间一直通到住宅的最里面，谓之"通道院子"。铺板房间沿"通道院子"排列，临街的是店铺。在商家这里是会客、商谈、展示商品的地方；而手艺人的话，则是作坊最重要的房间。从邻接店铺的店铺院子经过中门进入厨房院子，这是一处炊事空间，有灶头、水井和水槽等，没有顶棚，看得见梁架和屋架。面对厨房院子的房间是一家人用餐或团聚的起居间，而最里间是寝室或接待客人的客厅。庭园在寝室的背后，再后多建有仓库。

　　这种京町家有基本相同的样式，从谓之门面的正面布局、经由通道院子的内部房间布局、覆盖整栋建筑的屋顶构造，到建房时与邻居家墙壁背靠背的建筑手法，这在整体上堪称完善、洗练的样式。在以关西地区为中心的西日本以及日本海沿岸都市，都见有与京町家十分相像的町家形式,就大而言,都是在京町家影响下出现的町家形式。

江户町家与土藏造

至于日本全国的町家是否都受京都的影响,这倒未必。即便在近世初期属后进地区的东国中心江户,在进入近世后半期以后,也建起了与京都大不同的独自样式的町家。只不过在江户,由于之后近代东京的巨变,町家建筑几乎荡然无存,只能通过绘画、照片以及图纸、记录类资料来考察其特点。

江户土藏造町家的外观

面朝街道的正面为泥地房间,开着门垂下门帘。较京都町家细腻的设计,这里厚厚屋檐的房顶、粗犷的屋脊等,格外醒目。(引自《东京府史迹》,大正八年、1933 年)

较京町家,江户町家的特点如下:首先,不像京町家那样采用墙壁背靠背的建筑手法,而是与邻居家留有间距用作巷子。可利用巷子穿行到宅地背后,因此,内部布局没有通道院子,一般仅在临街处有泥地房间,即所谓"前土间"。其次,不像京町家那样在正面设格栅,通常白天时去掉建筑构件,面朝街道侧开放。因此,如照片所示,屋檐下挂着印有店号和家徽的门帘,连绵的门帘风景是江户町家典型的都市景观。

再者,多为土藏造町家也是重要的特点。所谓土藏造,即用土墙厚厚地涂抹在木结构建筑的外侧,属耐火建筑形式,这在京都也能看到。不过,京都的土藏(土窑仓库)多建在宅地的背面,形式也不大显眼。相反,江户将面朝街道的町家本身建造成土藏造形式。在江户火灾频发,甚至被说成"江户之华"之一(另一是吵架)。因此,江户居民出于对自身财产的保护,重视建造土藏造町家。而实际上,其作为财富的象征超过了耐火建筑本身的功能,外观的厚重和豪华让人惊叹不绝。根据幕府末期的绘画和明治时期的照片等来看,相当规模的土藏造町家至少在江户中心地带得到了普及。

这种所谓江户独特的町家形式也波及了关东一带。现今保存土藏造町家最多的都市有川越、土浦、佐原等,其町家都深受江户土藏造町家的影响。川越始建土藏造町家在 1893 年(明治二十六年)大火以后,因此,江户风格土藏造町家的普及为入明治以后的事。

町家的地区特色与近世的都市文化

由此看来,京都的町家样式基于中世以来悠久的都市传统,洗练、完善;而在新兴都市江户,作为财富象征的土藏造深受人们的欢迎。换言之,这一事实证明了町家建筑体现的是各自都市培育的都市文化。这里我们列举了京都、江户这两个近世代表性都市的町家,但实际上在全国各地的都市都分别建造有独自的町家建筑。通过调查这些町家建筑,我们可以获得探求以下问题的线索,诸如用其他手段难以知晓的都市居民的意识、内部阶层的关系、都市间相互影响的关系等。

这些町家建筑的现状是,历经无数次火灾等的灾难以及近代的都市改造等,较农家留存的数量本身就少,再加上近年的都市再开发等,町家建筑正在急遽地走向消亡。需要保护的并非仅仅是近世的町家,根据情况,明治、大正、甚至昭和时代的町家,只要是以传统的样式建造的町家,所体现的都是珍贵的建筑文化或都市文化,都有必要将之传承给下一代。

近世街景的形成

近世都市与街景

所谓"街景",即指临街鳞次栉比的建筑状态。当然,只要是具有都市性质的场所,何时何地都存在街景。古代、中世也存在过街景,在现代都市由近代化高层大楼构成的街景比比皆是。不过,我们在这里特地提出的"街景"指的是传统样式的建筑鳞次栉比的以往街景,多称为"传统街景"。这里所谓的传统样式,有时也包括明治时代的西洋馆之类,就现今而言应该划归传统建筑的建筑物,但通常多指引入西洋或近代建筑技术之前的江户时代的建筑样式。换言之,所谓传统街景,可以说是近世都市的街景或继承近世都市建筑的建筑手法形成的街景。

近世都市的典型城下町具有共同的结构内容,以城郭为中心,周围环以武家住宅、寺院神社以及町地。因此,在近世都市就有了武家住宅街景、寺院神社街景、町地街景等。实际上现存的有弘前市仲町(青森县)、角馆市角馆(秋田县)、知览町知览(鹿儿岛县)等武家住宅的街景,数量多的是町地的街景,即由工商业者的町家组成的街景。下面让我们来看看这类工商业者的街景。

各地的特色街景

町家的街景与武家住宅、西洋馆街景不同,基本特点是主屋面朝街道,数家排列在一起。这时,几乎相同规模和样式的町家多不留空隙紧挨在一块,整体上形成了统一整齐的景观。前面看到的京都的街景可谓其典型,以西日本为中心的城下町也多这类景观。

至于城下町以外的诸如在乡町、港町、门前町、宿场町等的街景,也都根据都市种类的不同,呈现出各种不同的变化。

如照片所示,中山道奈良井宿(长野县)面朝街道茸板置石屋顶的旅店,屋脊与街道平行,一家挨着一家。这样的街景长达一公里,分上中下三町,从宿驿图看十分繁华热闹,与城下町不差上下。而会津南山街道的宿驿大内宿(福岛县)各家临街正面都有庭园,

奈良井宿的街景（长野县楢川村）

　　中山道中大规模的宿驿，现今依旧能见檐墙处入口町家井然有序的街景。

大内宿的街景（福岛县下乡町）

　　会津南山街道的宿驿街景，茸草四坡顶，山墙面对道路的农家建筑整齐划一。

茸草四坡屋顶的主屋屋脊与街道正交,相互间有某种程度的间隔,背面是仓库和储藏室,较町家街景更像农家的景观。但从照片也能看出,主屋正面的墙界整齐划一,就街景的统一感而言,不能说是单纯的农村景观。

檐墙入口与山墙入口的町家

　　町家的街景中,分主屋屋脊与街道平行的檐墙入口和与街道正交的山墙入口。檐墙入口的话,可以紧挨着邻居家建筑,多见于房屋密集的中大都市。京都、江户、不少的城下町以及中山道的宿驿街景都以檐墙入口为主。而山墙入口,多与邻居家有间隔,多见于建筑不密集的市街。

柳井的街景(山口县柳井市)

　　由濑户内海沿岸的市场发展而来的商家市街,传统瓦屋顶、二层楼、涂抹灰泥的厚重墙壁、山墙入口,这类町家鳞次栉比。

　　即便在相同都市,中心地带多檐墙入口形式,周边地区多山墙入口形式。但随着市街的发展,山墙入口形式渐有向檐墙入口形式变化的倾向,但这未必是全部。例如,中世以来的市街地柳井(山口县)等,就是传统瓦屋顶、二层楼、涂抹灰泥厚重墙壁、山墙入口的形式。这类町家鳞次栉比地坐落在中心街。在保留山墙入口这种传统形式的同时,仅建筑手法采用了先进的技术。因此,也不能一味地说山墙入口朝檐墙入口进步或檐墙入口先进之类的话。

在这点上令人颇感兴趣的是越前三国凑(福井县)。现存町家中除山墙入口和檐墙入口以外,还混杂有中间形态的"神乐形式"。如图所示,所谓"神乐形式",即在双坡顶建筑的山墙主体部分的前面附设有檐墙入口主房的形式。三国凑曾为中世以来的港町中心,上层工商业者居住的下町采用神乐形式,而在十七世纪后半期开发高地形成的上新町则采用檐墙入口形式,两者的街景泾渭分明。这或许以前都是山墙入口形式的町家,在檐墙入口形式进入时,已拥有大型山墙入口房屋的阶层在山墙入口处增建了檐墙入口。但没有实力增建檐墙入口的阶层继续使用着山墙入口。其后,在新市街有从一开始就建造了檐墙入口的建筑。结果,在三国凑,神乐形式被认为是格调最高的建筑,直至今日亦然。

山墙入口形式　檐墙入口形式　神乐形式　檐墙入口形式　神乐形式

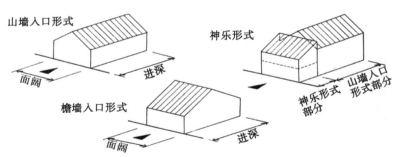

三国凑的街景(福井县三国町)**与屋顶类型**
在现今下町地区,混建有山墙入口、檐墙入口和神乐形式屋顶类型三种町家。

这样看来,实际情况并非从山墙入口演变为檐墙入口如此简单,仅就屋顶形态而言,其中体现了市街的形成过程和阶层关系等。换言之,街景本身体现了都市的发展过程、都市内部阶层的关系以及统治被统治的关系等。

近世街景的形成及其意义

那这种具有地方色彩的街景是何时又经过何种过程而形成的呢？

从《洛中洛外图屏风》和《江户名所图屏风》等可以看出，京都、大阪、江户等三都在十七世纪就已形成了近世都市街景。但这里所举例的地方都市，结合构成街景的民居本身的样式成立时期、各地的经济发展阶段等，一般认为于十八世纪后半期至十九世纪方才形成。不过，若看构成现今街景的具体建筑，建筑年代很少能追溯到那个年代的，出乎意料大多为明治以后的建筑。这是因为在都市中，火灾等的灾害、经济上的变动导致建筑重建的情况屡见不鲜。但是，通过调查获知町地划分和宅地划分等基本没有变化，市街整体的结构继承了江户以来的区划。

由此形成、继承而来的街景，留存至今的多为近代经济发展下的幸存儿。为此，也有不少是想方设法实现"近代化"的"传统街景"。但是，街景是前述市街历史的证人，也是都市的个性体现。尤其在现在，日本近代化大都市面孔单一，失去了人文关怀。在这种状况下，保存传统街景的都市更显珍贵。我们必须重新评价各地进行中的"保存街景"的有益尝试。

第四章　近代

邂逅西洋建筑

开国与日本建筑

　　1853 年(嘉永六年),美国东印度舰队司令佩里将军带领四艘黑船(舰船)来到浦贺,要求开放门户。幕府被迫于 1854 年签订《日美亲善条约》,同意开放下田、箱馆两港口。因为开国,日本开始接触西洋文明,不久以"文明开化"的形式迫使整个日本社会发生了重大的转折。十九世纪中期以前,在日本列岛,从寺院神社建筑、宫殿建筑到庶民住宅建筑都以木结构建筑技术为主,形成了独自的建筑文化,然这种建筑也不能置于文明开化之外。1859 年(安政六年),先后在箱馆、横滨、长崎以及神户设立了外国侨民居住区,西洋建筑雨后春笋般地出现在日本列岛,日本的建筑技术人员也不得不以各种形式参与进去。

　　其实,十九世纪后半期并非日本人第一次接触西洋建筑。早在三百年前的十六世纪至十七世纪初,通过当时的葡萄牙人传教士等,作为"南蛮"文化的西洋建筑就已进入日本。在当时的中心都市京都以及织田信长据点的安土城下留有"大宇须"(或提宇子,希腊语 Deus,意为"天主、天神")的地名,并建有教堂建筑。在臼杵、大分等各地也由天主教徒的大名建造了西洋风格的建筑。一直持续发展的话,或许就有可能造出正宗的西洋建筑。遗憾的是,由于丰臣秀吉以及江户幕府彻底镇压了天主教徒,不仅使得基督教遭受迫害,而且西洋风格的建筑也随之销声匿迹。日本的南蛮西洋建筑的影响力被连根摧毁。因此,就幕府末的日本人而言,建造在开埠港的外国侨民居住区,以及不久现身于主要都市的西洋建筑成了他们的处女体验,表现形式迥异的建筑所带来的冲击力无疑是巨大的。

十九世纪的欧洲建筑

　　那么,进入日本的西洋建筑实际上又是怎样的东西呢? 十六世纪的西洋是西班牙、葡萄牙掌控主导权,它与十九世纪后半期的西洋存在本质的不同。换言之，这一时期，经过十七世纪的荷兰时代，到十八世纪英国掌握了欧洲的主导权，发端于英国的所谓工业革命，完成了整个欧洲社会近代化的重大转折。而以黑船象征的近代技术为背景，作为其文明之一的西洋建筑开始出现在日本。随后不久，在全球占统治地位的近代西洋文明于十九世纪后半期终于登陆了东亚边缘的岛国日本。

水晶宫（1851 年）
以钢铁、玻璃为建材的大空间架构，近代建筑设计之先驱。非建筑师设计，而是园艺师约瑟夫·帕克斯顿（Joseph Paxton，1803—1865）根据温室技术建筑而成。

　　至于建筑，十九世纪的欧洲不断开发出以钢铁、玻璃以及混凝土等工业产品为主要建筑材料的近代建筑技术。1851 年在伦敦举办了第一次世界博览会，采用钢铁和玻璃等建材建造的主会场水晶宫为近代建筑技术之先驱。不过，不仅是建材和结构技术，而且在设计、观念上也必须焕然一新。这种名副其实的近代建筑的大规模出现尚需等到十九世纪末乃至二十世纪。建于 1823 年的大英博物馆采用的是新古典主义，即仿范于古希腊的折中样式，当时这种建筑在欧洲依然处于统治地位。就欧洲而言，这一时期属于过渡期。

　　实际上，这一时期统治欧洲的建筑样式是古罗马希腊建筑以来的古典主义样式，以及源于中世教堂建筑的哥特式两种。此外，伴随欧洲社会的扩大和发展,各地也存在各种不同的样式。这些建筑样式几乎是同时进入到日本列岛的,下面列举保存有早期外国侨民居住区建筑的长崎,看看日本人最早接触到的西洋建筑。

大英博物馆正面(1823—1847)

设计师罗伯特·斯默克爵士(Sir Robert Smirke,1780—1867)。19世纪欧洲新古典主义建筑典范,使用希腊神庙建筑风格的列柱和三角形博风(三角墙),配以爱奥尼亚式柱子。

外国侨民居住区的西洋建筑

在长崎保存有各种各样的外国侨民居住区时代的建筑。有巴黎外方传教会费雷神父和福尔诺神父于 1864 年(元治元年)创建的大浦天主堂,是为居住在外国侨民居住区的外国人服务的教堂,当然也是在日本传教的据点。现存的哥特式建筑正面外观是 1875 年(明治八年)扩建改造后的形态,当初为古典主义之一的巴洛克样式。内部的哥特式也经改造,但基本没变。内部空间采用欧洲教堂建筑普遍使用的尖肋拱顶,虽为木结构但架设得十分精彩,体现了设计师欲表达西洋教堂建筑正统形象的激情。

另一方面,作为住宅建筑首推旧格洛弗宅邸,这是活跃于幕府末至明治维新时期意大利政治商人格洛弗的住宅。它位于眺望绝佳的长崎湾高台上,1863 年(文久三年)竣工,为现存最久的西式建筑。周围环以菱格编席式顶棚的开放式阳台,屋顶结构是日本独

大浦天主堂内部（始建于 1864 年，改建于 1875 年）
　　采用欧洲教堂建筑普遍使用的尖肋拱顶，巧妙地体现了哥特式建筑的
样式特点。

格洛弗宅邸（1863 年）
　　与其说是正宗的欧洲建筑，倒不如说近似所谓美国建筑样式的南方殖
民地时代形成的建筑样式。

特的和式屋架①。略显幼稚的西式设计和整体的开放性，与其说是正宗的欧洲建筑，倒不如说更近似所谓美国建筑样式这种南方殖民地时代形成的建筑样式。

奥特宅邸（1865 年前后）
采用托斯卡纳式立柱的石结构列柱和高飞檐（戗檐），长崎外侨居住区建筑中最正宗的古典主义样式。

而同在长崎南山手，有建于 1865 年（庆应元年）前后的旧奥特宅邸，正面也有阳台，在开口部安装百叶窗这点上，跟格洛弗宅邸相同，但其他方面大为不同，并具有自身浓重的特色。比如石面墙、屋檐周围的飞檐、阳台上有石结构圆形列柱，柱上见有托斯卡纳式正宗的立柱。还有增补的出入口门廊也是其重要的特点。这些手法明显受到了西洋建筑古典样式的影响。

日本的建筑技术与西洋建筑

以上列举的长崎初期外国侨民居住区的三栋建筑，它们分别是哥特样式、美国建筑样式和古典样式，建筑样式上迥然不同。但是，各自在很大程度上接近着本来的西洋建筑样式，忠实地反映了不同委托人的意向。更让人惊讶的是，这三栋样式迥异的建筑是

① 在屋架梁上立短柱，架脊檩、檩条、椽子以支承屋顶。虽不适合大跨度建筑，但施工简便有利于扩建和改建——译者注。

由同一个承包商小山秀（乳名秀之进）承建。奥特宅邸的设计图纸还保存着。小山秀出身天草（熊本县），这些木工或技师在当时并非少见，他们根据不同顾主的要求建造房屋，虽说对有些建筑没有经验，但却具有建造的技术。

总而言之，尽管西洋建筑与传统的日本建筑样式上截然不同，但运用日本传统的木结构建造技术完全可以应对。日本工匠在木结构建造技术方面的这种高水平，为以后正式引入西洋建筑发挥了重要的作用。

仿西式建筑与地方文化

仿西式建筑的西式意匠

长野县松本市的旧开智学校校舍（明治九年、1876 年竣工，1964年移建现址复原）现今作为教育资料馆对外开放，它是了解明治初期学校教育状况的珍贵遗构，同时其建筑意匠也突显了明治初期"仿西式"的特点。所谓仿西式建筑如"仿"字所示，不是正统的西式建筑，而是由从未见过西洋建筑的日本工匠模仿建造的"西式"建筑。

旧开智学校（松本市，1876 年，国家级重要文化遗产，设计师立石清重）
　　两层楼，四坡大屋顶中央上部为八角形平面的塔楼，周围环以设栏杆的不遮雨檐廊，正面设卷棚式博风的停车廊。以灰泥的砌缝营造的拱肩墙和抱角石使外观看上去更有精神。

如照片所示，开智学校意匠上最为优秀的是正面中央停车廊上部，这是个常见于传统住宅样式书院造的卷棚式博风，柱子和水平构件的月梁形式以及其间雕满龙、牡丹、云彩和波浪的装饰雕刻也如同寺院建筑所用手法。就整体上而言，涂抹灰泥的墙壁使用了土藏造的做法，使用波形瓦和铜板的屋顶盖法也跟通常的日本建筑别无二样。说到新的西式要素，无非是窗户、正面出入口等开口部的窗框、门框以及双扇平开窗的建筑构件比较显眼而已。尽管没有多少正统西式建筑的要

旧开智学校正面的停车廊和塔楼
各部分的装饰雕刻与寺院建筑手法相同。左右两侧手扶着"开智学校"匾额的是西洋的安琪儿，但看长相却是两个日本孩子。

素，但就整体氛围而言已不是日本建筑，换个角度看这确实是座"西式"建筑。

那为何看上去像座西式建筑呢？这其中凝聚着工匠们的各种匠心。首先，整体的形态是左右对称的两层结构，中央造望楼状的高高的塔楼，十分显眼。除古代的寺院和宫殿以外，传统的日本建筑几乎没有左右对称的结构，或许仅此也会看上去像西洋建筑。其次，屋檐很浅，檐下环以戗檐也是传统和风建筑所没有的特点。外墙四隅以灰泥的砌缝营造抱角石也是西洋建筑的手法，油漆色彩在日本建筑中当然也完全没有。

其实这些可以说是仿西式建筑共同的特点。例如，另一个例子是山形县鹤冈市的西田川郡役所（1881 年、明治十四年竣工）。如照片所示，窗户和入口周围为西式做法，而其他细部几乎都采用日本建筑的手法。但是，左右对称、中央设高高的钟塔、涂抹油漆等，这些显示了西式建筑的特点。

西田川郡役所（鹤冈市，1881年，国家级重要文化遗产，设计师高桥兼吉）
墙板贴面的外墙上开上下推拉窗，四隅立柱雕刻纹饰。虽为西式外观，但屋檐戗檐处见有和风的椽子。现今作为致道博物馆使用。

仿西式建筑的先驱者——第二代清水喜助

明治初年至后半期，在日本各地都建有这种仿西式建筑，并且重要的是几乎都是由本地出身的木工匠进行设计和施工的。开智学校由松本本地出身的木工匠立石清重设计，而西田川郡役所的设计者高桥兼吉原来也是鹤冈的木工匠。此外，其他地方的木工匠也建造有同样的仿西式建筑，比如弘前（青森县）木工匠堀江佐吉的代表作是弘前的第五十九银行总店（1904年竣工，现为青森银行纪念馆）。

这些木工匠当然十分通晓传统的日本建筑，他们以这种技术为基础，并赴东京和各地外国侨民居住区考察、研究西式建筑，几乎靠着自学建造了这些仿西式建筑，而并非单纯对西洋建筑的模仿。他们视为样板的不仅是东京等地外国教习建造的正统的西洋建筑，而且还有日本木工匠建造的仿西式建筑。

仿西式建筑最早的实例是筑地外国侨民居住区的外国人旅馆（筑地旅馆，1868年竣工），毁于1872年（明治五年）的银座大火。

筑地外国侨民居住区外国人旅馆（1868年，设计师第二代清水喜助）
　　位于筑地外国侨民居住区南端海岸，是兼作外国人住宿和贸易商社的旅馆。特点是中央五层的塔楼和菱形纹灰泥墙。（引自《原色日本的美术》第32卷，小学馆）

第一国立银行（海运桥三井组兑换店，1872年，设计师第二代清水喜助）
　　特异的塔楼让人想起组合起翘小博风和卷棚式博风的城郭天守，像是当时东京的名胜，经常出现在照片和锦绘中。（出处同前书）

没有留下照片等资料,但在多种锦绘①中都有描绘,特点是中央五层的塔楼和菱形纹灰泥墙,即采用与土藏(土窑仓库)拱肩墙相同的做法,在墙上贴瓦并用灰泥抹平砌缝。承包这项工程,完成后又负责其经营的是第二代清水喜助,他是在神田锻冶町开业的第一代喜助的女婿,曾负责横滨分店的业务。在这期间,他考察和学习了横滨外国侨民居住区的西洋建筑。不过,据说这座外国人旅馆的原设计师为后来建筑横滨、新桥火车站的美国人布里简斯(Richard P. Bridgens,1819—1891),第二代清水喜助参与多少尚不明了。但确定为清水喜助设计和施工的建筑有海运桥三井组兑换店(先后为三井组房屋、第一国立银行,1872 年、明治五年竣工)、骏河町兑换银行三井组(1874 年、明治五年竣工)。遗憾的是,这些建筑现已不存,都在明治三十年前后被拆除。但这些在当时都是吸引人们眼球的、设计新颖的建筑,可以通过留存下来的许多照片和锦绘了解。

学校与办公大楼

仿西式建筑虽在各地推广普及,但在当时实际建造的大都为学校和办公大楼。学校中是中小学占绝大多数,办公大楼也多为郡役所、警察署等与一般庶民生活密切关系的建筑物。这是因为积极推进西化政策的明治政府,为巩固新的统治体制需要不断建造公共设施,而建筑作为西洋文明的象征,简明易懂。同时通过建筑来告知天下民众明治政府是西洋文明开化的有力推手,于是,以往日本建筑所没有的仿西式建筑的特殊形态发挥了重要的作用。

仿西式建筑与明治的地方文化

不过,尽管有明治政府的推进,但并非全国各地都在造仿西式建筑。仿西式建筑特多的县有山形县、长野县和山梨县。理由多种多样,但这些县都有热心的县令积极地引进着西洋的文化。比如山形县,在县令三岛通庸的领导下,自明治十年(1877 年)前后大

---

① 套色浮世绘版画,因色彩丰富、鲜艳如锦而得名——译者注。

规模地建造县厅、郡役所等西式政府办公大楼。山梨县的仿西式建筑甚至被称作"藤村式",足见县令藤村紫朗的影响之大。同样,假若没有第一代筑摩县令永山盛辉重视教育的政策背景,也不会有开智学校等长野县的学校建筑。

　　换言之,自上而下的西化,不管政府如何推动,若没有相应的人才、体制不健全的话,依然无济于事。前面提到的松本、鹤冈、弘前都曾是江户时代比较大的城下町。这是因为推进仿西式建筑的木匠们都是当地出身的木工,立石清重参与过藩主户田氏的新御殿营造,高桥兼吉也是藩主酒井家的御用木匠,堀江佐吉从祖父辈开始就是津轻藩的御用木匠。祖辈代代为藩主服务的御用木匠适应不了新时代理所当然,单凭地方出身的木工想要建造大型规模的公共建筑谈何容易,况且在技术上充满着全新的挑战。也就是说,建造仿西式建筑需要踏袭在藩或城下町所积累的建筑文化,同时又是决意尝试新挑战的人才。这样看来,明治十年是仿西式建筑的鼎盛期,但与其后的各地建筑近代化进程未必相衔接,在思考地方文化时,这一事实是十分有趣的。

外国教习与日本人建筑家

西洋建筑的大规模引进

　　明治政府为追赶欧美的先进文明,以富国强兵为国策,手段就是全方位引进西洋的先进文明,即所谓的文明开化政策。在建筑方面,为引进西欧的建筑技术,规定所有政府部门的建筑必须是石结构或砖结构正统的西洋建筑。日本建筑工匠虽说会造木结构科洛尼亚样式的西洋馆或仿西式建筑,但几乎没有石结构和砖结构的建筑经验,因此,一开始或雇佣所谓外国教习的欧美建筑技师,或在他们的指导下工作。根据当时的记录,明治政府雇用了二百名以上的各行业的外国技师,他们来自英国、法国、美国和普鲁士等地,其中英国技师瓦特斯(Thomas James Waters,1842—1898)在日本列岛第一次建造了正统的西洋建筑。

　　瓦特斯在幕府末期的庆应年间(1865—1868),作为鹿儿岛藩集成馆的御用技师参与了工厂的建设;在明治政府设立造币寮时,

造币寮货币铸造所（大阪天满桥，1871年，设计师 T.J.瓦特斯）
石结构古典主义样式建筑，充分体现了瓦特斯的风格。拆除工厂时，神殿式正门门廊被保存了下来，现为樱宫公会堂正门。（照片藏日本建筑学会）

通过英国商人格洛弗（长崎格洛弗宅邸主人）买入造币机器，并雇佣瓦特斯担任建筑技师。砖结构及石结构的造币寮建筑群于1868年（明治元年）开工，1871年开业。瓦特斯的相关经历尚不明了，是否接受过正规的建筑教育也不清楚，但通过当时的照片、现存的原铸造所接待室的泉布观以及正门门廊部分等，可以看出是简朴但属正统古典主义样式的建筑。

其他由外国教习建造的建筑，比如法国人博安威尔（Charles Alfred Chastel de Boinville，1850—1897）建造的文艺复兴样式的工部大学校本馆（1877年竣工）、意大利人卡佩莱提（G.V.Cappelletti，生卒年未详）设计的意大利中世城郭风格的游就馆（1881年竣工）等，看照片都是正统样式的建筑，可惜这些建筑都已不存。

优秀的样式建筑家康德尔

在众多的外国教习建筑家中，数英国人约西亚·康德尔（Josiah Conder，1852—1920）对日本影响最大。他曾在维多利亚时代英国最著名的哥特式建筑师威廉·伯吉斯（William Burges，

1827—1881)的事务所工作过,并于1876年英国皇家建筑家协会主办的设计竞赛中以头等荣获索恩奖,在英国也是前途无量的建筑家。他应日本政府邀请,作为工部大学兼工部省营缮局顾问于1877年(明治十年)来日,结果直至1920年(大正九年)去世,其生涯的大部分时间都是在日本从事建筑活动。

开拓使物产推销所(东京市日本桥区北新堀町,
现为中央区,1881年,设计师 J.康德尔)
销售北海道开拓使直营工厂的啤酒和罐头的商业会馆,在开拓使废止后,作为日本银行使用。(照片出处同前)

鹿鸣馆(东京市麴町区内山下町,现为千代田区,1883年,
设计师 J.康德尔)
明治政府为修改条约、实现欧化政策,集中外国公使、外国教习开舞会的场所。其后成为华族会馆,东京大地震后经修复依旧使用,1940年拆除。(照片出处同前)

康德尔的初期作品有当时日本最大的砖结构建筑上野博物馆（之后的帝室博物馆，1881年竣工，因地震灾害烧毁）、开拓使物产推销所（东京，1880年竣工，因地震灾害烧毁）等，稍后是有名的明治政府欧化政策的舞台鹿鸣馆（东京，1883年竣工，1940年拆除）。引人瞩目的是，在这些作品中他尝试了多种的样式，比如上野博物馆为印度伊斯兰风格，开拓使物产推销所为威尼斯哥特式风格，鹿鸣馆为英国文艺复兴样式风格，不仅样式各异，而且装饰上积极采用了萨拉森（伊斯兰）建筑的要素。作为样式建筑家，根据建筑的实际需要有效使用不同样式，这是理所当然的。康德尔无疑是在更为自由地摸索适合日本风土的建筑样式，但明治政府所期待的是英国乃至欧洲建筑样式的直接引入，两者之间的观念南辕北辙。

1888年（明治二十一年），辞官归田的康德尔开设了设计事务所，在日本从事民间的建筑业务。他也设计过丸之内砖结构的三菱一号馆（1894年）等商业建筑，但其所设计的汤岛旧岩崎久弥宅邸（1896年）、三田纲町三井家接待所的三井俱乐部等，以正统的样式统一建筑的外观和内部，这些宅邸建筑尽显了他作为样式建筑家高超的本领。

日本人建筑师的亮相

1877年来日当时，二十四岁的康德尔作为工部大学校造家学科的主任教授站在讲坛上指导学生，而造家学科的学生大多与他年龄相仿。当时的学制为六年，时值第四学年后半学期，但还没有专任教师。第一期学生非常欢迎康德尔的到来，而康德尔几乎是一个人承担了课程设置和教学工作。不仅如此，他还热心教育和指导学生，造家学科的必修科目有"建筑的历史与艺术"，内容从埃及建筑到当时欧洲现代建筑，即复兴样式的建筑，还包括印度、中国、日本等东洋建筑在内的建筑样式论。"建筑结构"包括木结构、砖结构、石结构等建筑施工的各种内容。再者，康德尔还结合自身设计的上野博物馆、开拓使物产推销所等，进行实际的设计实务、现场实习的教育等。换言之，不仅教授理论和知识，而且建立了包括现场的实务在内的实践型教育体制。

1879年，辰野金吾、片山东熊、曾祢达藏、佐立七次郎等四名第一届学生毕业。康德尔在工部大学校供职期间培养的学生,走上社会后大多从事建筑活动,作为担当日本建筑界之一翼的建筑师发挥着重要的作用。

赤坂离宫与中央停车场

首届毕业生中,辰野金吾接康德尔班成为工部大学校教授,而片山东熊进入宫内省作为宫内建筑师展开设计活动,两人是对手,同时都留下了代表明治时代的建筑作品。

赤坂离宫(现为迎宾馆,1909 年,设计师片山东熊)
花费十年岁月完成的明治建筑之集大成,以当时风靡欧洲的新巴洛克样式为基调,内部采用的是以十八世纪法国为主的各种样式。

自 1899 年(明治三十二年)至 1909 年,花费十年岁月,投入庞大的工程费用,东宫御所(赤坂离宫)竣工。为此,片山东熊远赴法国等欧洲国家进行调研,并亲自规划和指导,调动了众多的技师、画家、装潢师、工艺师协同攻关完成。就建筑的结构技术以及规模、设备、设计的水准而言,不仅是片山东熊的代表作,而且不愧为代表明治时代的里程碑建筑。不过,正如建筑作为宫殿几乎没有被使用过所象征的那样,西洋巴洛克样式建筑的完美无缺未必同步于当时日本的实际状况。

中央停车场（现为东京站，1914 年，设计师辰野金吾）
　　红砖配白石是辰野金吾擅长的样式，被称之为"辰野式"。因二战战火破坏严重，后经大修重新使用，改变了两翼屋顶的形状，三层改为二层等。（引自《世界建筑全集》第 9 卷，平凡社）

　　另一方面，1896 年（明治二十九年）辰野金吾建造了代表明治建筑古典主义样式的日本银行总店，而 1914 年（大正三年）竣工的中央停车场（东京站）或许是辰野金吾鼎盛期过后的作品。不过，值得瞩目的是，尽管中央停车场坐落在皇宫对面，红砖配白石的样式不但没有沉重感，反而似乎预测了对明治所追求建筑理念的脱胎换骨。

　　总之，通过明治这个时代，日本建筑师学到了欧洲的样式建筑；但就他们而言，这只不过是他们面对下一个挑战的某个阶段，远非终点。

都市与建筑的近代化

从城下町走向近代都市

　　明治政府引进西洋文明的基本方针正如"和魂洋才"的口号所示。所谓"和魂"就是去掉在历史长河中形成的西洋文明之重要部分——思想乃至精神文明，以日本精神取而代之，而"洋才"指积极吸收西洋的技术乃至物质文明。无论是产业还是军备，明治日本几乎在所有领域短时期内追赶上了西洋的水准，可以说以上的方针卓有成效。

不过,仅限于与人们的社会生活密切相关的建筑领域而言,不能将技术与思想分开来考虑。从技术层面来看,尽管引进了石结构、砖结构等西洋的建筑技术,但它未能取代在日本固有风土中形成的木结构等建筑技术,反而面临一种尴尬的境地:即如何在原有技术的体系中组合西洋建筑技术。这与造船、机械等领域的情况大不相同,这些领域原有的传统技术几乎被从西洋引进的技术全部驱逐。另外,就建筑思想方面而言,无论是公共建筑还是住宅建筑,在实际建造西洋建筑时,总会遇到当时社会上不同形式的阻碍,无论愿意与否都需考虑建筑背景的思想意义。换言之,建筑技师无论在技术还是社会问题方面,都必须被迫进行摸索和尝试。

在围绕建筑师的社会问题中,最为重要的课题是怎样看待建筑物实际建造场所的都市。明治政府旨在追赶欧美先进各国、建设近代国家,以政治、经济、文化中心的东京、大阪为主的全国都市建设为当务之急,但现实是只能在江户时代城下町的基础上开始,其中,首都东京不得不加快向适合资本主义体制的近代都市转型。

银座砖建筑街与土藏造街景

就明治政府而言,1872 年(明治五年)2 月发生的银座、筑地一带的大火是一个绝好的机会。东京府立马制定了规划,决意将银座、筑地一带改变成砖结构防火建筑,1877 年(明治十年)前后,以银座大街为主的砖建筑西式街景基本完成。宽敞大街的人行道上种植了行道树,临街两侧英国设计师瓦特斯设计的二层楼砖结构建筑鳞次栉比,可以说实现了当时最近代化的都市街景。不过,建筑完成后,希望入住砖结构建筑的人少而甚少,空置率很高。由于实在不受社会的欢迎,无奈当初设想推广到整个东京地区的砖结构建筑计划不得不限定在银座地区。或许砖结构建筑不适合当时日本人的生活习惯。这条砖建筑街自新桥停车场至筑地外国侨民居住区,是西洋人必经之路,西式街景主要是给外国人看的。这是明治政府表面欧化政策(如鹿鸣馆所象征的)所致,真实意图是修改与欧美国家间的不平等条约。因此,无视市民生活的都市空间近代化规划本身就存在问题。

银座砖建筑街（东京银座，设计师 T.J.瓦特斯）
以现今的银座大街为主，临街建造拱廊连接的砖结构二层楼建筑，连栋
式建筑鳞次栉比，展现出西式街景。所谓砖结构，只是外墙涂抹白色灰泥，
人行道上种植行道树。（照片藏日本建筑学会）

尽管如此，银座大街的西式砖结构建筑街景还是建成了，但在
东京以外地方的街景西化进程却没有任何推进。明治政府于1881
年公布了《防火线路及屋顶限制规定》，在日本桥、京桥、神田等主
要地区规定了防火线路，沿线建筑有义务使用耐火结构，由砖结
构、石结构或土藏造中选择一种。同时中心四区（日本桥、京桥、神
田和麴町）全部建筑的屋顶必须实施不易燃化。这些都是为了对
付当时频发的火灾，而当时住在东京市中心的商人们大多采用的
并非西式的石结构或砖结构，而是土藏造，形成了江户时代以来的
土藏造街景。由此而言，明治政府所追求的以西式街景为代表的
近代都市空间，在当时就连东京的中心街区也没能实现。

丸之内的一丁伦敦

明治二十年前后，明治政府的根基已基本稳定，东京中心街区
的都市空间也随之发生了重大变化，其重要契机是政府将丸之内
一带转让给了三菱。1888年（明治二十一年），明治政府进行了近
代都市规划——市区改造工程，将皇居周围的军事设施迁移至周
边的赤坂、麻布地区，将丸之内一带建设成市街区。政府设想通过

转让丸之内的政府和军事用地来筹措这笔建设资金,最终将丸之内一带卖给了政商财阀三菱。三菱计划建设西式的办公楼大街,由英国建筑师康德尔及其弟子曾祢达藏设计的砖结构三菱一号馆于1894年(明治二十七年)竣工。其后还建造了其他砖结构建筑,日俄战争后有段时期被称为"一丁伦敦",砖建筑街景井然有序。这条由三菱这家民间财阀营造的近代化商业街,并非政府主导。到明治末期,它与大手町、日比谷、霞关一带的官厅街组合成为近代国家首都东京当之无愧的都市街景。

一丁伦敦(东京丸之内,1894年,设计师 J.康德尔)
正统的砖结构三层楼西洋建筑,虽仅占街道的一角,但屋檐相连,像是伦敦风格的街景,因此被称为"一丁伦敦"。右侧是康德尔设计的三菱一号馆,对面是三菱二号馆。(照片收藏者/石黑敬章氏)

今天上帝剧(帝国剧场),明日去三越(百货店)

另一方面,明治时代后半期开始建立近代交通体系,1872年(明治五年)新桥至横滨间铁路开通,1889年(明治二十二年)新桥至神户间铁路开通,全国铁路网初具规模。在首都东京,1885年(明治十八年)新桥至赤羽间(品川线)、1889年新宿至八王子间的甲武铁路等的开通成为重大的转折点。本来这些铁路是用于将群马、琦玉、长野各县的蚕丝、丝织品运往横滨港的货物线路,而新开的旅客线路却将江户时代以来的东京市中心与近郊连接了起来。随着东京自身规模的扩大,当时尚未开发的近郊小石川、本乡、下谷等东京北部也逐渐住宅区化。在东京市中心商业街上班的公司职员也开始不断出现在近郊的住宅区。正如歌里唱的："今天上帝剧（帝国剧场），明日去三越（百货店）。"从近郊住宅区坐电车等去东京的繁华街看戏、购物，这种近代都市生活者的生活样式已开始普及到了一般阶层。

帝国剧场（东京丸之内，1911 年竣工，设计师横河民辅）
　　通称"帝剧"，当时最豪华的剧场，也是最早的样式剧场，文艺复兴样式的外观，内部为椅子席，配有乐池。设计师横河民辅以美式商业主义为背景的实用建筑装点了都市的街景。（照片藏日本建筑学会）

三越总店（东京日本桥，1914 年竣工，设计师横河民辅）
　　钢架钢筋混凝土结构五层楼百货店建筑之先驱。内部第五层以豪华的开放大空间而闻名，但地上铺榻榻米。因关东大地震内部烧毁，后经大修、扩建和改建成为现在的样子。（照片出处同前）

在推进都市近代化方面,由建筑师横河民辅一人设计帝都和三越两座建筑耐人寻味。说到横河,让人想到陶瓷的横河收藏品,他是个热衷艺术的收藏家,同时也是个实业家,在建筑方面以钢架结构的开拓者而闻名,坚持以美式商业建筑为背景的合理主义。换言之,根据只要使用高新技术,不用拘泥欧洲的传统这一委托人的要求,横河以实际的古典主义样式的建筑构成了都市街景。总之,自明治末期至大正,即关东大地震前东京的建筑,仿范的是美国而非欧洲,由众多优质建筑组成的都市空间成为以后正统的近代都市空间之先驱。

附录　日本建筑史概观

日本建筑的特色

建筑的分类

前面我们按主题及时间顺序叙述了自弥生时代直至古代、中世、近世以及近代明治的日本建筑。在此，就原始、古代至近代的日本建筑史重新作一概括性总结。先稍稍换个角度来看日本建筑。以往的考察都是将日本建筑这一框架作为当然的前提来进行的，现在扩大些视野，通过与日本以外建筑的比较来进行考察，看看日本建筑究竟具有哪些特色。

首先考虑一下日本建筑的分类。因为要了解由多彩的建筑所组成的日本建筑的整体形象，需要对其进行分类。根据分类才能明确日本建筑的特色。当然分类的方法不止一个，根据标准的不同结果全然不一样，可以说分类方法决定了对日本建筑史的理解。

建筑的结构——木结构与石结构

例如，实际看现存的建筑时，简明易懂的分类标准是结构或技术。我们先将钢筋混凝土（RC）结构、钢架结构等近代建筑技术的建筑放在一边，着重来看传统的建筑结构，这大致可分为使用木材为结构材料的木结构建筑和堆砌石砖构成结构体的砌筑结构建筑。也可称之为木结构和石结构。当然，在江户时代以前的日本列岛除例外几乎不存在砌筑结构的建筑，木结构建筑为其主流。但是我们不能仅仅拘泥于从历史看日本建筑是木结构建筑，并在这种框架下考虑问题。

首先，被视为日本建筑源流的中国建筑，其绝非仅有木结构建筑，以北部为主，有不少砌筑结构的建筑。因此，就必须考虑这样一个问题：假若日本建筑引进了中国的建筑，那为何日本只有木结构建筑？另一方面，常被认为以石结构为主的欧洲建筑，从历史上来看也有木结构为主流的时期，是在木结构的基础上成立石结构形式的。例如，被视为石结构建筑典型的希腊神庙等，原型就是木结构。

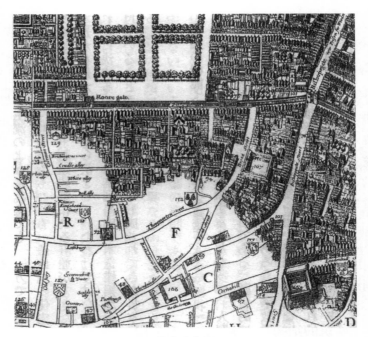

伦敦大街景

　　现今是石结构建筑的街景,但在 1666 年伦敦大火以前曾为木结构
建筑密集的街景。欧洲都市至今仍见有许多木结构建筑的街景。(引自
《大火前的伦敦》,1667 年)

希腊帕提农神庙

　　石结构建筑,现已不存的顶棚为木结构,代表多利安式立
柱特色的柱顶部分残存着曾为木结构的当时形式。

还有,在当时看上去是石结构主流,但住宅等多为木结构建筑。伦敦也好巴黎也罢,在十七世纪以前几乎都是木结构建筑,石结构建筑街景的诞生还是比较后来的事。换言之,是木结构还是石结构并非一开始就固定的,而是根据社会的历史条件等变化选择了其中一种。在日本列岛,木结构建筑并没有转变为石结构而是延续至今,这本身就是历史造就的日本建筑的特色。

建筑的功能——宗教建筑与住宅建筑

建筑多数以功能分类。人类建造建筑物必定有其目的,这自然就需要对应一定的目的功能。从历史上看,按照功能分类建筑的最基本分类法即为宗教建筑和住宅建筑。所谓宗教建筑,指的是寺院、神社以及教堂建筑,用来进行宗教仪式或宗教行为,简单地说是求神拜佛的建筑。而所谓住宅建筑,在日本包括寝殿造、书院造等贵族建筑,以及称之民居的庶民建筑还有茶室、城郭等在内的人们使用的建筑,其中最高级贵族建筑的宫殿,如京都御所等在广义上也属于住宅建筑,即指宗教建筑以外的所有建筑。

这种宗教建筑和住宅建筑的区分在每种建筑文化中都存在。例如,在欧洲教堂建筑和住宅、宫殿建筑功能上分工明确。不过,值得瞩目的是,日本建筑的宗教建筑和住宅建筑,在设计或样式上完全不同。简单地说,日本的宗教建筑使用斗拱结构,而住宅建筑原则上没有斗拱。所谓斗拱由斗和拱组成,安装在柱顶上支承向外出挑的屋檐;同时在结构和意匠上都是重要的建筑构件。宗教建筑中也有例外不见斗拱的神社,比如形式古老的伊势神宫等。但一般神社受寺院建筑的影响都具备斗拱结构,而住宅式佛堂、佛堂式住宅等难以分类的属例外。日本建筑的原则是寺院、神社使用斗拱,住宅不用。

或许不少人认为由于建筑种类不同,样式各异理所当然,其实不然。在中国,佛教建筑的样式和宫殿建筑的样式基本相同,都使用斗拱。日本仅在佛教建筑中使用的斗拱也应用于庶民建筑。这在欧洲也一样,中世教堂建筑的哥特式也普遍用于住宅和公共建筑。而本来用于罗马圣彼得大教堂等宗教建筑的巴洛克样式,在法国用在了凡尔赛的宫殿建筑上。

佛教建筑的斗拱

  根据斗和拱的不同组合，形成坐斗替木、一斗三升、斗口跳、出一跳、出二跳、出三跳等复杂形式。佛教建筑最重要的是供奉佛舍利的塔，其必定使用最高规格的出三跳形式。（引自日本建筑学会编《日本建筑史图集》，彰国社）

图说日本建筑史

中国建筑与日本建筑

换言之,宗教建筑和住宅建筑样式泾渭分明是日本建筑重要的特色。为什么这样说呢? 在思考这个问题前,我们必须认识到日本建筑并非是在日本列岛独自发展而来的,它是在中国大陆高度发达的建筑文化的压倒性影响下产生的样式。也就是说,其住宅建筑、佛教建筑都起源于中国大陆同一系统的木结构样式,但进入日本的时期各有不同。早期传来日本列岛作为住宅建筑的是不带斗拱朴素的建筑样式,而后在中国产生了斗拱,六世纪随最新的佛教文化一起传入日本列岛的是佛教建筑,其样式具有华丽的外观和成熟的建筑技术,让人以为是别样的建筑,而斗拱则被认为是最能表现佛教建筑独特崇高身份之要素。之后在日本列岛,住宅建筑和佛教建筑被分为两种系统的建筑,分别有着各自不同的变化和发展。

佛教建筑在八世纪从当时唐朝传来以后被称之为"和样"样式,十二世纪至十三世纪从宋朝引进了"天竺样(大佛样)"、"唐样(禅宗样)"等新建筑样式,在当时的日本演变成具有统治地位的宗教建筑样式。也就是说,就统治阶层而言,与其自己创造独特的建筑样式,不如引进邻国中国发展成熟的样式,并经过若干加工后使之适合日本的国情,这是一种简便、高效的做法。由此而来的建筑引进方式,在以后明治维新时期引进西洋建筑的过程中屡试不爽。日本人认为从外面引进的新事物总是比日本国内所继承的有品位、上档次,这种建筑观的形成与中国建筑的引进不无关系。

日本建筑的结构

骨架与屋架

如前所述,从建筑结构的观点来看,日本建筑作为木结构建筑一直建造至今,这便是重要的特色。那么实际的木结构建筑又是怎样的呢? 是否存在诸如从古到今的时代差异、日本列岛的地区差异,还有从贵族、武士到庶民之间的阶层差异? 在思考这些问题之前,我们必须从日本木结构建筑的基础说起。

日本的木结构建筑通常由骨架和屋架组成。所谓骨架，即自地面垂直竖立多根柱子，其上部由水平构件的梁枋构成。而实际上还使用夹板条和穿枋横向固定柱子的中间部分，想象一下游乐园中的攀登架就会明白。在骨架上再架设屋架即三角形的屋顶，自屋顶最上部的水平构件脊檩至梁枋之间搭设椽子，就像人的肋骨一样。如前项所述，寺院和神社建筑正好在骨架与屋架之间的柱上梁枋交叉的部位，设置斗拱这种在结构和装饰上都具有重要作用的构件；而凡是住宅类建筑，不要说民居，即便是宫殿基本上也不使用斗拱。虽两者存在如此的差异，但都是由骨架和屋架这两个分离部分组成的原则却是相同的。

　　屋架分和式屋架结构和叉手结构，前者使用架在梁上的垂直构件短柱支承脊檩，后者使用组合在梁枋上的二、三根斜向构件叉手（屋架上弦杆）支承脊檩。寺院建筑中和式屋架为正统结构，叉手仅用于简单的建筑；而茸草民居的叉手则是普通的结构形式。在现存的建筑中民居属比较朴素的结构，但其骨架和屋架还是明确分离的。

绘画中的脊柱结构与京都的町家建筑

　　要说日本的木结构建筑全是这种骨架、屋架结构，这倒也未必。这是因为在画卷和《洛中洛外图屏风》等中世绘画中的庶民住宅似乎并非骨架、屋架结构，即在双坡顶山墙侧中央，直接从地面上竖立脊柱支承脊檩，好像也不见结构构件的桁。若干描绘建造中建筑的绘画，如相关结构明确的町家建筑也没绘有桁。也就是说，这里的结构是个整体，骨架和屋架不分离。这些建筑至多面阔三间、进深二间的小规模房子，即挖坑立柱形式。柱下也没埋设基石，没必要以骨架形式加固结构，因而就不需要桁，这是一种现今基本看不到的单纯的结构形式。

　　这种结构引人瞩目的是，在京都的町家建筑中，使用柱子和穿枋将山墙侧墙壁如模板般事先组合成一体，涂抹好墙壁后再竖立起来。这种建筑方法一直传承到近世后期乃至近代。据说因为町家十分密集，家家几乎墙壁靠着墙壁，人家先建的话，后建的就不能涂抹外墙。这时，虽说也是使用梁枋的骨架、屋架结构，因为

《洛中洛外图屏风》中的脊柱(历博甲本左对屏第四扇)

不仅此屏风,而且在中世绘画中都绘有竖立脊柱的小型庶民住宅,可见在当时是通常的结构。(国立历史民俗博物馆藏)

民居的骨架和屋架

(旧大户家断面图,岐阜县,江户时代)

称之合掌造的近代农家建筑,特点是坡度大的茸草大屋顶。习惯上,骨架由专业的木工建造,而叉手结构的屋架部分的架设和屋顶的茸盖由村民的共同作业来完成。(引自日本建筑学会编《日本建筑史图集》,彰国社)

寺院的骨架和屋架

(元兴寺僧房复原断面图,奈良时代)

骨架中央部分的主屋部分隆起,两外侧披屋部分低深,据此配合屋架。另,寺院建筑随时代的推移,屋架结构趋向复杂。(引自同前图集)

是继承了《洛中洛外图屏风》中简朴的整体结构的町家建筑谱系，才有了这种建筑方法。换言之，京都町家的建筑结构相当洗练，但与日本建筑通常的骨架、屋架结构相比，或许可以说有着不同的结构。总之，值得瞩目的是，至少在近世初期以前，这种非骨架、屋架结构的建筑结构相当普遍。

方形竖穴式建筑遗址的结构

另一方面，根据考古学发掘表明，存在过与骨架、屋架结构不同的建筑。近年来随着发掘调查的深入，在镰仓发现了许多"方形竖穴式建筑遗址"（以下简称方形竖穴），这使得中世都市的形象越发清晰，其后，以东国为主在各地也有同类的发现。说到竖穴式，著名的有绳纹、弥生时代的原始住居形式竖穴式住居，但中世的方形竖穴是完全别样的形式。

首先是其存在的时代，在镰仓仅仅限于镰仓时代末期至南北朝时代初期，即以十四世纪为主的这段短暂的时期，之前和以后都没有建造的痕迹。因为时期上与镰仓的鼎盛期重叠，说不定这是都市的什么设施，而从其选址来看，大多位于现今镰仓市街稍远的周边港口和主要道路的物资流通集散地。另从用途来看，其内部没有灶头、地炉等痕迹，生活的遗存极少，似乎不是作为住宅的建筑，仓库的可能性极高。

当然，重要的是其结构，建筑地面自地表下挖 1 米至 1.5 米，属半地下式，方形地梁环以四周，上面竖立柱子或短柱，使用护墙板作为挡土的板壁，结构酷似水井。地面多铺板，残留有地板和地板搁栅的残材。上部盖的是什么样的屋顶目前不得而知。值得瞩目的是，柱子或短柱其本身不独立构成骨架，而是彻底地依附于外侧的土墙，与周围的土墙合二为一，是一种墙壁结构。从以往的建筑常识来看，也有人认为这不是建筑，但鉴于这建筑与镰仓居民的生活密切相关，而且某一时期还普遍存在过，应该视为木结构建筑之一种。因为接触土壤立柱设置板壁，存在木材腐朽得早、耐用年限短的担心，事实也是这样，在几乎相同的地方发掘出不同时期的许多方形竖穴，每处方形竖穴使用期限似乎都不满十年。另外，在镰仓再大些规模的住宅中，也发现有同类技术建造的建筑遗构，存在有以建筑常识难以理解的建筑，这也是事实。

方形竖穴的结构（镰仓市诹访东遗址）
　　十四世纪镰仓特有的半地下式建筑遗构,边长约3米,方形地梁环以四周,上面有柱子或短柱的榫眼,外侧见有墙板。左上突出部分为附属设施,右下圆形部分为后世水井,与方形竖穴无关。(引自《复苏的中世3》,平凡社)

从木结构看日本建筑的谱系

　　通过以上中世绘画和考古发掘,介绍了脊柱结构的住宅和半地下式这种与土墙合二为一的墙壁结构的方形竖穴。两者结构都不属于骨架、屋架结构的正统建筑,也都没有建筑传承至今。这种堪称异端的结构形式很有可能以其他形式也存在过。换言之,日本的木结构建筑并非单一,我们不能仅考虑最后留下的作为正统建筑的骨架、屋架结构,还应该包括多种结构形式在内的复杂形式。现在正是有必要重新思考整个日本建筑史体系的时候了。

日本建筑的意匠

建筑意匠与日本人的美意识

　　紧接着结构,这次我们来看看日本建筑的意匠。这里所谓的意匠,指的就是设计,包括建筑的形态、色彩、装饰以及对这些的追求和坚守。意匠最能体现建筑的业主、实际参与建设的建筑技师的鉴赏力和美意识以及作为其背景的时代、社会共有的各种主要因素,在考察作为日本文化的建筑时,意匠或许是较功能、结构更为重要的因素。

不过,日本建筑的意匠并非单一乏味。首先,从宗教建筑到宫殿、官厅、住宅等种类繁多,时代也从古代到现代各有不同。其建筑又因所属阶层的不同,意匠的内容差异迥然。哪怕是同一座建筑也有诸多不同的阶段,从包括与周边地形关系的建筑布局等整体意匠到建筑本身的意匠以及构成建筑的细部意匠。再者,还必须考虑与建筑领域相关的都市、土木设施等的意匠以及建筑内部所用家具、家什还有绘画、雕刻等意匠的关系。尤其是对美术史领域的绘画、雕刻意匠与建筑意匠之间在时代和样式方面的关系,必须予以足够的重视。

但在这里不能面面俱到地介绍所有的建筑意匠,暂且以寺院、神社建筑为主来考察日本建筑的意匠特质。

对称与非对称

首先来看看整体建筑布局的意匠特点。众所周知,欧洲和中国的宫殿、教堂、寺院的建筑都是左右对称井然有序的布局形式,而日本的建筑左右非对称的占多数。六世纪后半期从大陆传来了当初寺院的伽蓝布局,如四天王寺、飞鸟寺所示,布局上左右对称,进深深长,而现存建于七世纪末的法隆寺西院伽蓝,右手金堂,左手五重塔,为左右非对称并列布局,可以说在较早阶段就已出现了这种非对称的倾向。尽管如此,在八世纪的平城京,建设有药师寺、东大寺等左右对称规整的伽蓝,而到九世纪的平安时代,密教建筑的山上伽蓝却为非对称建筑,左右非对称的伽蓝开始出现。

但在其后的镰仓时代,如"建长寺指图"记建长寺伽蓝布局所示,随着禅宗建筑的传入,再次引入左右对称、进深深长的伽蓝形式,但这并没有扎下根来,以后又重回了非对称形式。由此看来,尽管作为样板的中国建筑是始终如一的左右对称,但在移植日本的过程中,这种伽蓝形式却经历了多次的走样变形。

法隆寺西院伽蓝布局（奈良县斑鸠町）
　　世界上最古的木结构建筑群，由金堂、五重塔以及环绕周围的回廊、前面的中门组成。而圣德太子创建的、670 年烧毁的法隆寺位于右手前，中门、塔、金堂、讲堂呈直线布局，采用的即所谓四天王寺式伽蓝布局形式。（引自《奈良的寺院》，岩波书店）

　　与寺院密切相关的古代都城也一样。如建于奈良东端东大寺所示，平城京外京这一东面突出部分地区最为发达；平安京同样也是东半部左京鸭川沿岸都市发展最快，右京萧条；而这些都打破了踏袭中国都城左右对称的规整布局形式。

　　有关这些，多数解释为与自然地形的关系，比如平安京的右京为低湿地等。有关建筑也是这样，认为日本的寺院、神社多数因山间的自然地形而建设，比如山上伽蓝等；而中国建筑的左右对称布局则发达于平原地区。因此，日本建筑没有办法照搬中国的左右对称形式。的确，作为现象这是事实，但根本问题是在中国出于统治目的需要这种左右对称规整的都城和伽蓝布局，而日本的统治者和宗教势力却未必需要。就大而言，中国是这种原则的原创文化，而日本却是从外部引进了这种文化，没有原则的意识，这便是最大的差异。

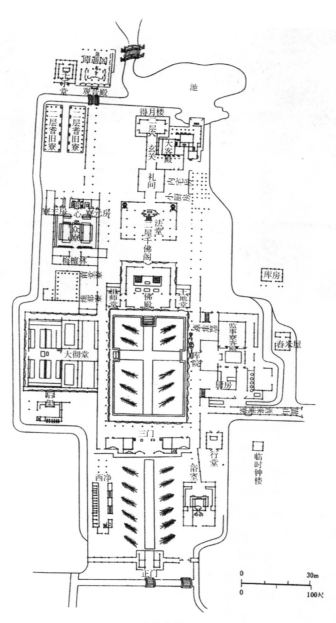

建长寺指图

建长寺伽蓝布局图,图背面记有"元弘元年(1331年)"字样。三门、佛殿、法堂、方丈排列在中轴线上,回廊自三门左右直达方丈,伽蓝布局规整有序,体现了左右对称的禅宗寺院的典型形式。(引自日本建筑学会编《日本建筑史图集》,彰国社)

纵长正面与横长正面

下面谈谈建筑意匠中最基本的要素正面,即建筑正面的设计。从正面看,日本建筑为强调水平线的横长意匠,即横长正面。例如,近年通过落架大修复原了十二世纪当时状态的当麻寺曼荼罗堂的正面,因屋檐水平线一分为二的上半部屋顶,其最顶部的屋脊和屋檐线呈水平并列,而下半部建筑的上槛环绕栏杆的檐廊线更是强调了水平方向。柱间的等距离排列也是强调水平方向,整体上给人稳重、沉着的印象。这种特点为自平安时代以降日本建筑所共同的意匠特点。

当麻寺曼荼罗堂正面(1161 年、永历二年,奈良县,国家级重要文化遗产)
面阔七间、进深六间的大型密教本堂,周围环绕檐廊,内部分为里侧的内殿和前面的礼堂,内殿供奉当麻曼荼罗。(引自《大和古寺大观》第 2 卷,岩波书店)

相反,欧洲和中国的建筑相当不同。众所周知,代表欧洲宗教建筑的哥特式教堂的正面为强调垂直线的纵长正面,而中国的建筑也如传来日本的典型的禅宗建筑所见,屋顶高深、坡度大、没有檐廊、屋檐线反翘,因墙面没有夹板条,不见横穿两端的水平线,依靠自地面竖立的柱子来强调垂直线。中央柱间大、两侧柱间小,以此起到了强调正面纵向的作用。

换言之,日本的宗教建筑中,奈良时代的东大寺大佛殿、中世

巴黎圣母院（12世纪，巴黎）

哥特式建筑鼎盛期的典型教堂，正如直指天穹的尖顶塔所象征的，垂直线为整体建筑的特点，正面结构纵长，强调垂直线。（引自《世界建筑全集》第7卷，平凡社）

京都五山的禅宗建筑等，与中国关系密切的建筑无一例外地体现着其巨大性和垂直性，但一般不以正面强调自我主张却是其特点所在。

彩色与装饰

最后来说说彩色和装饰。通常认为日本建筑少用彩色和装饰，的确，这种说法符合住宅和宫殿。但寺院和神社却是另一回事，其彩色和装饰相当丰富。例如，近年重建的药师寺金堂、西塔、中门等，加之原有的东塔伽蓝得到了复原，红、绿、黄色彩鲜艳，使得看惯了东塔暗淡颜色的人们在视觉上产生了极大的反差。但据说这较八世纪创建时的色彩还要逊色不少。

正如典型的平等院凤凰堂外观和内部所示，这种彩色和装饰至平安时代仍未改变。而且，这还不限于寺院，本来素木结构的神社在接受寺院的影响后，如春日大社社殿等所示，就使用了红、黑色彩，鲜艳夺目。因此，可以说古代的寺院、神社大体色彩丰富。

这种倾向看看日光东照宫的建筑便一目了然,经中世一直传承到近世。不过,较中国的建筑,日本的宗教建筑少强烈的自我表现,加之规模小、建筑本身纤细,彩色和装饰似乎也细微和稳重。

由此看来,日本的宗教建筑虽说受到中国建筑的压倒性影响,但在意匠上为适应社会需要产生了相当不同的、具有独自特色的东西。

日本建筑的历史与社会

从建筑看日本社会

最后考察一下日本建筑和社会的相互关系。

不言而喻,首先,建筑是社会性存在。建筑的基本在于人的居住功能,但实际上装饰性或象征性、权威性这些社会性特点也具有重要的意义,其结果,使得建筑的存在复合有地域性、历史性等属性。其次,建筑是一种综合性艺术,如同绘画、雕刻等一样,必须考虑其作为美术工艺特点的社会性意义。再者,不仅是完成后的建筑形态,还有建造过程中生产体制的实际状况等,这些在考察其社会性时具有重要的意义。换言之,建筑与人类社会有着密不可分的关系,思考建筑等于考察建筑存在的社会。

下面我们将重点考察建筑与社会的关系,通过历史看看哪些建筑在日本社会中发挥了主导性作用?

古代的寺院、神社建筑

根据考古学发掘表明,自绳纹至弥生在日本列岛各地普遍存在过竖穴式建筑,这是一种将地面下挖一层作为表层,地上架设简单屋顶的住居形式。另一方面,通过铜铎、铜镜上雕刻的绘画等,推测曾存在过干栏式建筑,它是一种使用柱子和短柱高高地支承地板的住居形式。这是弥生文化的主角们从南方带来的,当时的先进技术主要是稻作。这种干栏式建筑本来是一般住居或存放粮食的仓库,但传到日本列岛后,因其高耸的形象具有重要的意义,而被用作体现统治者权力和权威的建筑。于是,在弥生或古坟时代就已出现体现统治者和被统治者关系的建筑,即统治者的干栏建筑和一般庶民的竖穴式建筑。

但是,随着六世纪中期佛教的传入和佛教建筑的出现,这种体现社会关系的建筑形式发生了很大的变化。中国大陆的寺院建筑样式,在用石头垒筑的基坛上置基石立柱,柱上架斗拱使屋檐向外出挑,茸瓦屋顶反翘强烈,木构件上施以鲜艳的色彩。因此,其规模和耐久性自不待言,就是在体现权威和权力象征的表现形式上,也都远远超过了日本列岛上所形成的朴素的干栏式建筑的权威象征等。自六世纪末至七世纪,佛教建筑遍地开花般地建造起来,还深刻影响了继承以往干栏式建筑的神社建筑。

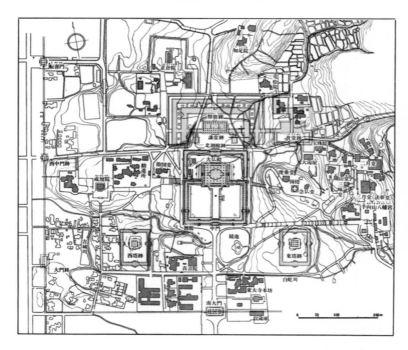

东大寺伽蓝复原平面图
伽蓝浩大,以面阔十一间、进深七间的巨型金堂(大佛殿)为中心,环以复廊形式的回廊,背后讲堂的三面环以僧房,前方左右建有高100米的东西七重塔。创建初期的建筑仅存转害门等,大多为江户时代的重建建筑,然而从中可窥见古代律令制国家最大纪念碑建筑的风采。(引自《原色日本的美术》,第3卷,小学馆)

以建筑最大规模地体现权力和统治象征的社会性意义的是东大寺,它是八世纪古代律令制国家集全力建设的全国总国分寺。位于平城京东端的外京,东西七町、南北八町,在广浩的寺院境内,以面阔 86 米、进深 50 米、高 38 米的巨型大佛殿为中心,布局有南大门、回廊、讲堂、僧房、食堂等,还有高 100 米的东西七重塔,堂堂的大伽蓝。以空前绝后的规模实现了以佛教镇守国家的思想理念,换个角度来看,也找到了在中国文化圈中日本社会的国际定位。

中世的禅宗寺院伽蓝

这种从佛教或中国追求仿范的统治结构,在武家政权成立后的中世依然一成不变。中世佛教在政治上具有重要意义的是镰仓新佛教之一的禅宗,其思想内容为武士所接受。镰仓幕府的实权统治者北条时赖恭请宋高僧兰山道隆为开山,于 1253 年(建长五年)举行了建长寺落成法会,此后还在镰仓建造了圆觉寺;入十四

南禅寺伽蓝(京都市)
　　三门、方丈为近世重建,佛殿、法堂兼本堂为近代重建。以东山为背景,伽蓝布局前后纵深、规整有序,在镰仓时代"五山十刹"制度中为"五山之上"的伽蓝。这种宏大规模的禅宗寺院大伽蓝是象征中世京都的建筑。(引自《原色日本的美术》,第 10 卷,小学馆)

世纪后,在京都也先后建造了南禅寺、天龙寺、相国寺、大德寺、妙心寺等禅宗寺院。而且,模仿宋代禅宗制度,也制定了"五山十刹"的寺院等级制度,特定南禅寺为"五山之上",镰仓五山为建长寺、圆觉寺、寿福寺、净智寺和净妙寺,京都五山为天龙寺、相国寺、建仁寺、东福寺和万寿寺。

遗憾的是鼎盛期的五山寺院建筑都没有留存下来。据关口欣也氏研究,这些五山中心的佛教建筑在样式上都忠实踏袭宋代样式,规模大为方五间附外檐,可匹敌奈良时代一流建筑金堂的规模,为镰仓时代后半期至南北朝时代雄伟的纪念碑建筑。从镰仓、京都的禅宗寺院伽蓝中也可窥见其片鳞半爪。从禅宗建筑宏大的规模和规整的形态可以看出,以中国文化为背景的禅宗寺院在镰仓幕府、室町幕府的中世武家政权中享有何等重要的地位。

近世的城郭、御殿以及民居

古代和中世,源于中国建筑的佛教建筑在社会上处于统治地位,而中世末至近世初期,即在战国动乱后形成的近世社会中,最为重要的是以天守象征的城郭建筑以及用于大名间会见时的书院造这种御殿建筑。

城郭建筑基本上为木结构建筑,它原本从军事设施的构筑物发展而来,根据防御上的需要,采用了木结构的柱、梁枋不外露的大墙结构,而且,因为建筑在高高垒筑的石垣上,构筑物有必要做到与石垣浑然一体。因此,这种以白墙天守象征的城郭建筑除最大限度地发挥功能作用以外,外观意匠也十分洗练。这是武士阶层在接受中国建筑文化的同时,独自创造的建筑美。

而书院造由古代贵族住宅形式的寝殿造变化发展而来,是寝殿造脱胎换骨的大改造。近代武士阶层为统治目的需要举行重要的会面仪式,因而设有凹间、凸窗、高低搁板架、贵人座席等所谓客厅装饰的会面厅堂应运而生。在其过程中,当然也有中国文化的影响,但武士阶层运用我为主体、"中"为我用的甄别法,使之成为自己的建筑文化。

二条城箭楼和二之丸御殿（京都市）

　　二条城为德川幕府统治京都的据点，建在垒筑规整的石垣上的白墙箭楼、宏大的书院造御殿群，这些取代了中世以前的佛教建筑，成为近世炫耀统治权力的建筑。（引自《原色日本的美术》，第 12 卷，小学馆）

旧泉家正面外观（日本民居聚落博物馆，原址大阪府丰能郡能势町）

　　分布在丹波地区的能势型或摄丹型山墙入口、房顶茸草民居。泥地房间的马厩和厨房在同栋房屋中，整体建筑封闭，但正面客厅前有面朝前院的宽檐廊为其特色。此建筑受寝殿造类住宅影响成立于中世纪末。

另一方面,在村落内上层阶层住宅的民居也随之诞生。当然,民居即庶民住宅,它起源于竖穴式住居并继承了其谱系。但现今我们所见民居样式的住宅几乎都受到了统治阶层住宅的影响。这也是近世社会所要求的结果,为了显示自己在村落内的上层地位,有必要在建筑上维持相应的规模或样式形态。但实际上,创造豪放、美观的民居靠的是近世民众洋溢的精神活力。

　　在十九世纪后半期的明治维新过程中,日本社会顺利地实现了从中国文化圈向寻求西洋文明制度的转型,从而迈步进入近代化。之所以能做到这点,正如日本人在近世确立了独自建筑表现形式所象征的那样,是因为获得了作为日本文化的主体性。

后　记

　　正如藤井惠介先生在"序言"中提到的,本书原为石森章太郎著《漫画日本的历史》撰写的建筑时代考证的解说文。据说建筑考证在最初的编写阶段十分棘手,我是分担长篇漫画后半部分的建筑考证,到我这里时,藤井先生及其团队已经铺垫好了坚实的轨道。我自身也有学习用漫画的考证经验,这次建筑考证本身的编写也进行得十分顺当,但令我难办的是"建筑的历史"的解说稿必须每月准时交稿。

　　有关解说文,按理只要顺着藤井先生的内容往下写便是,但我自身还是需要考虑选题,以便尽量符合正篇漫画的时代内容。结果,以往考虑不深的一些问题就需要突击学习。不仅如此,还因为其他原因,每月的文稿往往迟交。让责任编辑田边美奈女士焦虑不安,实在抱歉。不过,自选主题、每月连载,对我来说是头一次经验,但现在想来,却是令人愉快得很。

　　如前所述,以符合漫画进展内容的形式选择各个相关主题,这并不能包揽建筑史上所有的重要问题。但在以单行本出版时,我撰写的部分没有进行大的补充。这有我个人的能力问题,但更重要的是,我们不能仅从建筑史的立场,还需要基于整个历史的潮流来思考建筑与社会的关系。建筑史研究学者将自身关闭在建筑的世界里,未必能充分地思考建筑与社会的关系。对此,我多少有些反省。

　　这次以解说文形式编写建筑的历史时,令我深感惊讶的是,以通史形式编写的日本建筑史图书除部分面向建筑专业人员的以外，可谓意外地少。在日本的大学，建筑学科被分类在理科类的工学部，或许是这个原因，社会上通常将建筑看成难以亲近的学问或技术。但是，正如人人都住在建筑——住宅中，而且有不少人实际尝试过对自己家房间布局的改造，通过实际生活再熟悉不过的就是建筑。即便是寺院和宫殿，至多规模大了点，所用的技术和手法等大同小异，没有特别的差异。这让我再次感到，既然多少是在从事与建筑相关的工作，有必要加倍努力地做到简明扼要地解说好建筑包括其历史，但愿这本小书能多少发挥这方面的作用。

正如在本书各处所提到的，除一部分作为文化遗产的建筑以外，以木结构建筑为主的日本建筑正在逐渐地消失。尤其是农家、町家等一般庶民的住宅或建筑，在现实中遭到拆除或重建，速度之快令人瞠目。建筑文化不应只是大寺院和神社、宫殿，还应该包括其根基的一般庶民的建筑；建筑本身消亡的话，即便留下照片和图纸，终究也不能理解其本质。我们愿为将来保留更多丰富的日本建筑，创造未来更加多彩的建筑文化添砖加瓦。

最后，向每每催稿、一丝不苟的田边美奈女士、须贺井优子小姐及其他编辑表示谢意，如今唯有感谢才是。

玉井哲雄

文库版后记

　　《建筑的历史》（日文版原名）以文库版形式再版，让更多的人来阅读，真的很是高兴。关于正文内容，藤井惠介先生负责的部分像是作了最小限度的修改，而我（玉井）负责的部分基本没动。这些文章作为《漫画日本的历史》的解说文问世后已近十五年，作为单行本也有十年，建筑史领域的学术研究也有了新的进展，比如通过考古学发掘的学术新发现、采用年轮年代学确定建筑年代等。但即便如此，也没有重写的必要。主要理由是部分的重写实际上相当困难，因为本书的目的是把握建筑历史的主流，而非各个具体的事实关系。

　　另一方面，如后记所言，建筑史的通史书极少。但这十多年间，包括教科书形式在内，已有数种发行问世。虽说都是各有特色、十分重要的著作，但就面向一般读者且通俗易懂这点而言，本书仍具有存在价值，不失为人人皆宜的好书。

　　在建筑史领域，专业部分多，一般读者难以理解。为此，我们将在今后工作中，继续致力于简明易懂地介绍建筑史的研究成果。

玉井哲雄

译者后记

　　本书著者之一的藤井惠介先生 1953 年生于日本岛根县松江市。1976 年毕业于东京大学工学部建筑学科。1986 年获东京大学工学博士学位。曾先后任东京大学助教、副教授等，现为东京大学研究生院教授。专业为日本建筑史。主要著作有：《法隆寺Ⅱ——建筑》（保育社，1987 年）、《日本建筑的修辞学——斗拱》（INAX，1994 年）、《密教建筑空间论》（中央公论美术出版社，1998 年）、《关野贞亚洲踏查》（东京大学出版会，2005 年）、《关野贞日记》（中央公论美术出版社，2009 年）、《明治大正昭和建筑写真聚览》（文生书院，2012 年）等。另一作者玉井哲雄先生 1947 年生于日本兵库县西宫市。1970 年毕业于东京大学工学部建筑学科。1978 年获东京大学工学博士学位。曾先后任千叶大学教授、国立历史民俗博物馆教授、综合研究大学研究生院教授等，现为生活史研究所研究部长。专业为日本建筑史和都市史。主要著作有：《关于町人地的研究》（近世风俗研究会，1977 年）、《解读江户——失去的都市空间》（平凡社，1986 年）、《解读画卷中的建筑》（东京大学出版会，1996 年）、《图说日本建筑的历史》（河出书房新社，2008 年）等。此外，两位老师还有许多合著书、调研报告书等，可谓著作等身。

　　正如藤井惠介教授在"中文版序言"中所言，本书（日文版书名《建筑的历史》，中央公论社 1995 年 3 月单行本初版；中央公论新社 2006 年 1 月中公文库版初版，2011 年 2 月再版）在以往建筑样式史、建筑结构理论和建筑空间理论的基础上，更多地包含了建筑与社会文化关系的内容,这些内容充分反映在了书的编写之中。全书共分四章并附录。第一章首先介绍了认知过去建筑的几种方法,诸如活用现存的建筑、从绘画和图纸着手调查、通过遗址发掘来调查和从样式技术等方面推测等,并具体地讲述了史前建筑的营造。接着通过相当于中国明器建筑模型的埴轮,具象地重现了日本古坟时代(3 世纪下半期至 8 世纪初)的建筑及其布局。此外,还着重介绍了法隆寺等寺院建筑、伊势神宫和出云大社等神社建筑以及平城京、平安京等古京的规划和建筑,并特地提到了密教的建筑与空间以及平安贵族的住宅寝殿造、平等院凤凰堂等净土教建筑等。第二章讲述的是日本中世,即镰仓(1185—1335 年)、室町(1336—1573 年)时代的建筑,主要内容有东大寺烧毁后重建时采用的大佛样、禅宗寺院与禅宗样、中世镰仓、奈良和地方上的建筑以及寝殿造的蜕变和庶民住宅、画卷中所见武士和庶民的住宅,还有日本自治都市寺内町和战国大名的根据地城下町等。第三章从近世、即安土桃山时代(1568—1598 或 1600 年)的城郭建筑、草庵式茶室说起,间插建筑的标准尺度和“间”,一直讲到江户时代(1600—1867 年)的都市规划和建设、近世城下町和书院造的成立、日光东照宫和京都桂离宫两种不同风格的建筑、近世民居的成立和地域特色、都市店铺和戏院的出现等,最后论述了近世社会和寺院神社建筑的关系其及雕刻、町家等商家建筑的特色、各地街景的形成等。第四章为近代、即明治维新(1868 年)至二战结束(1945 年)的内容,从邂逅西洋建筑开讲,讲述了仿西式建筑和地方文化、外国教习和日本人建筑家以及都市和建筑的近代化等。此外,作为附录的“日本建筑史概观”亦为本书的一大特色,论述了日本建筑的特色、结构、意匠以及与日本社会的关系等,可以说是对本书内容的高度概括和浓缩。书后附有参考文献和事物索引,对于有意进一步了解和学习日本建筑史的读者而言,应该会有事半功倍的效果。相信本书亦会引发我们中国读者的兴趣和共鸣,并为了解和学习日本建筑史起到促进的作用。

关于日本建筑史研究以及日本的中国和朝鲜半岛建筑史的研究,藤井惠介教授曾撰文进行了回顾和展望(详见藤井惠介著,李

晖译,包慕萍审译"回顾与展望——日本建筑史学的发展",载王贵
祥主编《中国建筑史论汇刊》第拾贰辑 pp.3—20,清华大学出版社,
2015 年 12 月),现将主要内容介绍如下,以便国内读者了解和借
鉴。日本建筑史研究方法主要有两种:建筑样式论和建筑类型论。
前者以建筑形制的形成、意匠和技术为研究对象,即弄清建造等建
筑行为的研究;后者指解读建筑的存在理由、根据及其形态,即弄
清建筑与社会关联的研究。研究对象有建筑遗构、文献史料、建筑
技法书、建筑图纸(指图)以及绘有各种仪式和活动的"行事图"。
而日本建筑史始于上世纪初前后的伊东忠太、关野贞等人,以法隆
寺建筑研究为其典型;同时开启了有关中国和朝鲜半岛的建筑史
研究,伊东和关野等人相继对中国和朝鲜半岛进行了实地考察。
对法隆寺等古建筑的修理技术和调查方法亦在此时确立,并出版
记录有修理过程和内容的修理报告书。"建筑史研究会"的成立,
培养了研究的中坚人才,在研究方法论上有了创新和突破。二战
结束后,日本引进了现实主义建筑理论,"中文版序言"中提及的太
田博太郎的《日本建筑史序说》和井上充夫的《日本建筑的空间》就
是在这种大环境下诞生的。此外,还有对工匠、工匠组织以及都市
的研究。20 世纪 70 年代又诞生了新一代研究中国和朝鲜半岛建
筑史的学者,主要有田中淡、关口欣也等人,田中先生对中国建筑
史进行了整体性研究,关口先生着重对来自中国的建筑技术大佛
样和禅宗样展开了研究。而本书著者之一的藤井教授则是以研究
建筑内部所举行的礼仪和活动的、谓之建筑礼仪学的代表人物之
一,以斗拱论为主的新建筑样式史研究正在其研究室的中韩留学
生中展开着。最后,藤井教授对日本建筑史研究的今后发展作了
以下三点的展望:1. 提高研究精度;2. 拓宽研究领域;3. 展开两个
领域以上的复合型研究。此外,亚洲建筑的比较研究亦是日本建
筑史的一大研究方向。

　　其实,玉井哲雄、藤井惠介两先生都大力倡导构筑东亚建筑史
学,玉井先生在 2008 年举办了相关展览会和研讨会,并出版了报
告书『アジア比較建築文化史の構築——東アジアからアジア
へ——』(国立歴史民俗博物館研究部情報資料研究系玉井哲雄,

2009 年 8 月)、『日本建築は特異なのか──東アジアの宮殿・寺院──』(国立歴史民俗博物館，2009 年 6 月);藤井先生则是 2014 年 10 月东京大学与清华大学合办的"第一届东亚建筑史与城市史圆桌会议"的发起人之一，并出版了『東アジア建築史研究の現状と課題:東アジア前近代建築・都市史円卓会議報告書』(藤井惠介，王貴祥，村松伸編 2015 年)，主要论文的汉译收录在上述王贵祥主编的《中国建筑史论汇刊》第拾贰辑中。

值本书出版之际，我首先要感谢藤井惠介、玉井哲雄两先生。特别是藤井老师，我在东京大学研究生院留学 1991 年 4 月升入博士课程时，他就已是助(副)教授，我一开始就称他为"先生(老师)"。因为在日本的大学里，不像国内的大学什么人都是"老师"，通常学生称讲师以上职称的教师为"先生(sensei)"，而对助教(日语以前叫"助手")及职员则称"san"。我曾有幸聆听藤井老师的日本建筑史课，他在我们学生中间口碑极好，素以授课认真负责而大受欢迎。藤井老师还是我博士论文的副审之一。1994 年 3 月我取得博士(工学)学位后，又在藤井研究室做了一年的外国人研究员(相当于国内所言的博士后)，之后 2011 年 10 月至 2012 年 9 月作为日本国际交流基金的客座研究员在东京大学访学时，落户在藤井研究室和东京大学东洋文化研究所羽田正教授的研究室。直至今日，我还经常受到藤井老师的关照和指教，不时会收到他赠送的大著和相关学术书籍，本书日文版的《建筑的历史》就是我 2008 年 4 月至 9 月任日本国际日本文化研究中心(简称日文研)外国人研究员期间，去他研究室拜访时藤井老师送给我的，我当即表示希望将书翻译成汉语，他亦欣然同意了。现在有机会去东京时，我还每每会去拜访他，自觉受益匪浅。今后我亦望继续得到藤井老师的学术指教。

借此机会，我要特别感谢我的恩师、东京大学名誉教授横山正先生，是他引导我走进了建筑史、庭园史的研究领域，我祝愿横山正老师健康长寿。我还要感谢同济大学建筑学院退休教授路秉杰先生，在申请《日本美术简史》(上海译文出版社，2000 年 11 月)的出版资助和日本国际交流基金客座研究员时，都是他给我写了推荐信，我亦祝愿路秉杰老师健康长寿。此外，我要感谢同济大学建筑学院助理教授温静后辈，相关术语的翻译得到了她的帮助和确认。田雁老师是我译著《茶道的美学》、《日本庭园》和本书的责任编辑，再次向他表示谢意，希望今后我们会有更好的合作。

蔡敦达

2016 年 12 月 23 日

于大阪茨木彩都山吹寓所

参考文献

（第一章）

太田博太郎『日本建築史序説 増補第二版』 一九八九年、彰国社

日本建築学会編『日本建築史図集 新訂版』 一九八〇年、彰国社

太田博太郎監修・西和夫著『図解古建築入門　日本建築はどうつくられているか』 一九九〇年、彰国社

高橋康夫・吉田伸之・宮本雅明・伊藤毅編『図集 日本都市史』 一九九三年、東京大学出版会

宮本長二郎『日本原始古代の住居建築』 一九九六年、中央公論美術出版

金関恕・佐原真編『弥生文化の研究7　弥生集落』 一九八六年、雄山閣

石野博信他編『古墳時代の研究2　集落と豪族居館』 一九九〇年、雄山閣

『吉野ケ里遺跡展』図録 一九八九年、朝日新聞西部本社企画部

辰巳和弘『高殿の古代学──豪族の居館と王権祭儀』 一九九〇年、白水社

坪井清足『飛鳥の寺と國分寺』古代日本を発掘する2 一九八五年、岩波書店

岡田英男等『法隆寺』日本名建築写真選集4 一九九二年、新

潮社

　　藤井恵介『法隆寺Ⅱ　建築』　一九八七年、保育社

　　稲垣栄三・渡辺義雄他『伊勢神宮・出雲大社』日本名建築写真選集 14　一九九三年、新潮社

　　稲垣栄三『神社と霊廟』(『原色日本の美術』16)　一九八六年、小学館

　　坪井清足編『古代を考える　宮都発掘』　一九八七年、吉川弘文館

　　柴田實『日本庶民信仰史Ⅲ　神道篇』　一九八四年、法蔵館

　　鬼頭清明『古代の村』古代日本を発掘する 6　一九八五年、岩波書店

　　田辺征夫「日本古代の都城研究の現状と課題」『建築史学』四一、二〇〇三年

　　小澤毅『日本古代宮都構造の研究』　二〇〇三年、青木書店

　　宮本長二郎『平城京』　一九九〇年、草思社

　　岸俊男『日本の古代宮都』　一九九三年、岩波書店

　　町田章・鬼頭清明編『新版古代の日本 6 近畿Ⅱ』　一九九一年、角川書店

　　藤井恵介『密教建築空間論』　一九九八年、中央公論美術出版

　　山中裕・鈴木一雄編『平安時代の信仰と生活』　一九九四年、至文堂

　　太田博太郎『日本住宅史の研究』　一九八四年、岩波書店

　　太田静六『寝殿造の研究』　一九八七年、吉川弘文館

　　川本重雄『寝殿造の空間と儀式』　二〇〇五年、中央公論美術出版

　　清水擴『平安時代仏教建築史の研究──浄土教建築を中心に』　一九九二年、中央公論美術出版

　　藤井恵介「構造から意匠へ──平等院鳳凰堂を解析する」『講座日本美術史 5』　二〇〇五年、東京大学出版会

　　平雅行『日本中世の社会と仏教』　一九九二年、塙書房

　　平雅行「旧仏教の中世的展開」『季刊日本学』2 号　一九八三

年、名著刊行会

　　竹内理三『律令制と貴族政権』Ⅱ　　一九五八年、御茶の水書房

　　藤島亥治郎編『平泉――毛越寺と観自在王院の研究』　一九六一年、東京大学出版会

　　文化財保護委員会編『無量光院』　一九六四年

　　藤島亥治郎『平泉建築文化研究』　一九九五年、吉川弘文館

　　須藤弘敏・岩佐光晴『中尊寺』　一九九五年、保育社

　　平泉文化研究会編『日本史の中の柳之御所跡』　一九九三年、吉川弘文館

（第二章）

　　田中淡「重源の造営活動」『佛教芸術』一〇五号　一九六七年

　　藤井恵介「俊乗房重源と建築様式」『旅の勧進聖 重源』　二〇〇四年、吉川弘文館

　　後藤治「東大寺南大門の化粧棟木と軒桁」『普請研究』二八号　一九八九年

　　水野敬三郎・副島弘道「浄土寺浄土堂阿弥陀如来像の銘記について」『兵庫県の歴史』二五号　一九八九年

　　山岸常人『中世寺院社会と仏堂』　一九九〇年、塙書房

　　岡田英男「当麻寺本堂（曼荼羅堂）」『大和古寺大観　第二巻 当麻寺』　一九七八年、岩波書店

　　黒田俊雄『寺社勢力』　一九八〇年、岩波新書

　　川上貢『禅院の建築』　一九六八年、河原書店

　　関口欣也『日本建築史基礎資料集成七 仏堂Ⅵ』　一九七五年、中央公論美術出版

　　藤井恵介『日本建築のレトリック――組物を見る』　一九九四年、INAX

　　川上貢『日本中世住宅の研究［新訂］』　二〇〇二年、中央公論美術出版

　　松山宏『武者の府 鎌倉』　一九七六年、柳原書店

　　石井進『もうひとつの鎌倉』　一九八三年、そしえて

　　石井進・大三輪龍彦『武士の都 鎌倉』「よみがえる中世3」

一九八九年、平凡社

太田博太郎『中世の建築』　一九五七年、彰国社（收入『社寺建築の研究』　一九八八年、岩波書店）

川上貢「中世の寺院建築（禅宗様）」『文化財講座　日本の建築』　一九七七年、第一法規出版

鈴木嘉吉「中世の寺院建築（大仏様・和様）」『文化財講座　日本の建築』　一九七七年、第一法規出版

関口欣也『禅宗様建築の研究』（私家版、一九六九年）

関口欣也「円覚寺仏殿地割之図」『神奈川県文化財図鑑・建造物編』　一九七一年

大河直躬『番匠』　一九七一年、法政大学出版局

野口徹『中世京都の町屋』　一九八八年、東京大学出版会

高橋康夫・吉田伸之編『日本都市史入門Ⅰ　空間』　一九八九年、東京大学出版会

小野正敏・水藤真編『実像の戦国城下町越前一乗寺』「よみがえる中世6」　一九九〇年、平凡社

高橋康夫・吉田伸之編『日本都市史Ⅱ　町』　一九九〇年、東京大学出版会

小島道裕「戦国期城下町の構造」『日本史研究』二五七号　一九八四年、日本史研究会

（第三章）

太田博太郎監修・平井聖著『城郭Ⅰ』「日本建築史基礎資料集成」14　一九七八年、中央公論美術出版

児玉幸多・坪井清足監修『城郭研究入門』「日本城郭体系」別巻Ⅰ　一九八一年、新人物往来社

宮上茂隆「安土城天主の復原とその史料に就いて」上・下『國華』998・999　一九七七年、朝日新聞社

岐阜市歴史博物館編『［特別展］信長・秀吉の城と都市』　一九九一年、岐阜市歴史博物館

柴田幸生・田原良信「史跡志苔館跡の発掘調査」『日本歴史』444号　一九八五年

函館市教育委員会『史跡志苔館跡』　一九八六年

高橋与右衛門「掘立柱建物跡の間尺とその時代性」『岩手県文化振興事業団埋蔵文化財センター紀要Ⅸ』 一九八九年

藤本強『埋もれた江戸』 一九九〇年、平凡社

太田博太郎監修・中村昌生・『茶室』「日本建築史基礎資料集成」20 一九七四年、中央公論美術出版

中村昌生編『座敷と露地 一』「茶道聚錦」7 一九八四年、小学館

玉井哲雄『江戸 失われた都市空間を読む』 一九八六年、平凡社

玉井哲雄『江戸の都市計画』「週間朝日百科・日本の歴史」72 一九八九年

鈴木理生『江戸の都市計画』「都市のジャーナリズム」 一九八八年、三省堂

山口啓二・佐々木潤之介『幕藩体制社会』 一九七一年、日本評論社

前川要『都市考古学の研究』 一九九一年、柏書房

太田博太郎『書院造』 一九七二年、東京大学出版会

大河直躬『東照宮』 一九七〇年、鹿島出版会

ブルーノ・タウト著・篠田英雄訳『日本美の再発見』 一九三九年、岩波書店

大河直躬「桂と日光」『日本の美術』20 一九六四年、平凡社

斎藤英俊「桂離宮」『名宝日本の美術』21 一九八二年、小学館

大河直躬『すまいの人類学』 一九八六年、平凡社

玉井哲雄「近世における住居と社会」『日本の社会史』第八巻・生活感覚と社会・一九八七年、岩波書店

宮沢智士『日本列島民家史』 一九八九年、住まいの図書館出版局

須田敦夫『日本劇場史の研究』 一九五七年、相模書房

服部幸雄『大いなる小屋』「叢書 演劇と見世物の文化史」 一九八六年、平凡社

『近世社寺建築の手びき』 一九八三年、日本建築史研究会

『長野県史美術建築史料編』二「建築」　一九九〇年、長野県史刊行会

『大工彫刻』　一九八六年、INAXギャラリー

宮沢智士「町家と町並み」『日本の美術』一六七号　一九八〇年、至文堂

玉井哲雄「江戸の町家・京の町家」『列島の文化史』創刊号　一九八四年、日本エディタースクール出版部

『三国町の民家と町並』　一九八三年、三国町教育委員会

（第四章）

桐敷真次郎『明治の建築』　一九六六年、日経新書

福田晴虔編『日本の民家8　洋館』　一九八一年、学習研究社

越野武『開化のかたち』「日本の建築 明治 大正 昭和」1　一九七九年、三省堂

『重要文化財旧開智学校展示史料図録』　一九六九年、重要文化財旧開智学校管理事務所

稲垣栄三『日本の近代建築』　一九五九年、丸善（一九七九年、鹿島出版会）

小野木重勝『様式の礎』「日本の建築 明治 大正 昭和」2　一九七九年、三省堂

石田潤一郎『ブルジョワジーの装飾』「日本の建築 明治 大正 昭和」7　一九八〇年、三省堂

太田博太郎『日本建築史序説』　一九四七年、彰国社

浅野清「日本建築の構造」『日本の美術』二四五号　一九八六年、至文堂

（附録）

玉井哲雄編『建築』「講座・日本技術の社会史」第七巻　一九八三年、日本評論社

関口欣也『鎌倉の中世建築』　一九六七年、鎌倉国宝館図録第十四集

事物索引

图说日本建筑史

图说日本建筑史

图说日本建筑史

图说日本建筑史

图说日本建筑史

图书在版编目(CIP)数据

图说日本建筑史 /(日)藤井惠介,(日)玉井哲雄
著;蔡敦达译.—南京:南京大学出版社,2017.1
(阅读日本书系)
ISBN 978-7-305-17958-7

Ⅰ.①图… Ⅱ.①藤… ②玉…③蔡… Ⅲ.①建筑史
—日本—图解 Ⅳ.①TU-093.13

中国版本图书馆 CIP 数据核字(2016)第 298467 号

KENCHIKU NO REKISHI
BY KEISUKE FUJII & TETSUO TAMAI
Copyright © 2006 KEISUKE FUJII & TETSUO TAMAI
Original Japanese edition published by CHUOKORON-SHINSHA, INC.
All rights reserved.
Chinese (in Simplified character only) translation copyright © 2016
by Nanjing University Press Col.,Ltd.
Chinese (in Simplified character only) translation rights
arranged with CHUOKORON-SHINSHA, INC.
Through Bardon-Chinese Media Agency.

江苏省版权局著作权合同登记 图字:10-2014-138 号

出版发行　南京大学出版社
社　　址　南京市汉口路 22 号　　　　邮　编 210093
出 版 人　金鑫荣
丛 书 名　阅读日本书系
书　　名　图说日本建筑史
著　　者　[日]藤井惠介　[日]玉井哲雄
译　　者　蔡敦达
责任编辑　田　雁　　　　　　编辑热线 025-83596027
照　　排　南京紫藤制版印务中心
印　　刷　南京爱德印刷有限公司
开　　本　787×1092　1/20　印张 15　字数 260 千
版　　次　2017 年 1 月第 1 版　2017 年 1 月第 1 次印刷
ISBN 978-7-305-17958-7
定　　价　88.00 元

网址:http://www.njupco.com
官方微博:http://weibo.com/njupco
官方微信:njupress
销售咨询热线:(025)83594756